如何识别错误推理的38节课

[美] 纳撒尼尔 · 布鲁多恩
[美] 汉斯 · 布鲁多恩 / 著
赵　晴 / 译

二十一世纪出版社集团
21st Century Publishing Group

图书在版编目（CIP）数据

谬误神探：如何识别错误推理的 38 节课 /（美）汉斯·布鲁多恩，（美）纳撒尼尔·布鲁多恩著；赵晴译. -- 南昌：二十一世纪出版社集团，2024.9（2025.1 重印）
ISBN 978-7-5568-7927-4

Ⅰ. ①谬… Ⅱ. ①汉… ②纳… ③赵… Ⅲ. ①逻辑思维－少儿读物 Ⅳ. ① B804.1-49

中国国家版本馆 CIP 数据核字 (2023) 第 226385 号

MIUWU SHENTAN

谬误神探

[美]汉斯·布鲁多恩
[美]纳撒尼尔·布鲁多恩/著
赵晴/译

出 版 人	刘凯军		
项目策划	杨 华		
责任编辑	杨 华		
美术编辑	赵 倩		
出版发行	二十一世纪出版社集团（江西省南昌市子安路75号 330025）		
网 址	www.21cccc.com cc21@163.net		
经 销	全国各地书店	印 张	6.125
开 本	720 mm × 960 mm 1/32	印 数	5001~9500册
字 数	152千字	版 次	2024年9月第1版
书 号	ISBN 978-7-5568-7927-4	印 次	2025年1月第2次印刷
印 刷	江西千叶彩印有限公司	定 价	45.00元

赣版权登字-04-2023-850

购买本社图书，如有问题请联系我们：扫描封底二维码进入官方服务号。
服务电话：010-64462163（工作时间可拨打）；服务邮箱：21sjcbs@21cccc.com。

目 录

第三章 做出假设

第四章 统计谬误

第五章 舆论宣传中的谬误

第六章 总结

引言：什么是逻辑谬误？

逻辑谬误就是逻辑上的错误，尤其是指论证过程中不符合逻辑的推论。

爸爸： *现在的人根本就不用脑袋！*

儿子： *不对吧，爸爸。踢足球的时候，我经常用脑袋顶球啊！*

爸爸和儿子说的“用脑袋”的含义根本不是一码事。

这本书是专门写给侦探们看的。我们想把这本书做成一个方便实用的逻辑谬误甄别手册，帮你变身“谬误神探”，把大街上、报纸里，甚至自己身上发生的谬误一眼识破。这本书的目的就是要弄清楚一件事：什么是糟糕的逻辑？我们希望你会发现“用脑袋”是一件十分有趣的事。

书的第一部分会告诉你，为什么锻炼你的大脑很重要。接下来，我们把常见的逻辑谬误分成四部分来讲：回避问题、做出假设、统计谬误、舆论宣传中的谬误。我们会告诉你该如何发现这些谬误，还会让你做一些练习来增强对谬误的识别能力。

看完这本书之后，你就可以：

1. 识别糟糕的逻辑。

2. 懂得逻辑的价值和重要性。

3. 知道如何避免这些逻辑谬误。

早在两千多年前，古希腊哲学家亚里士多德就开始研究逻辑谬误，并且试着把它们归类。后来人们发现，逻辑谬误恰巧是逻辑学中最实用、最有趣的部分。

这本书没有涵盖逻辑学的全部，而仅选择了我们身边常见的逻辑谬误作为重点，当然，其他内容（包括三段论、条件论证、归纳论证等）也都非常有用。

即使你对某一课的内容没有完全搞懂，也请你试着去做做练习，书中的练习可以帮助你加深理解。通过练习，你可能会弄明白之前没弄懂的内容。如果有些练习你做错了，却不明白错在哪里，那你可能需要把那节课的内容再看一遍。你也可以跟别人一起讨论，说说自己哪里没想通。

第一章 CHAPTER

探究之心

第1课

锻炼你的大脑

人人都喜欢做有趣的事情，有些人甚至还喜欢工作，但在用脑子这件事上，很多人则是能不用就不用。或许，我们能让情况有所改观。

妈妈：我跟你爸都觉得你花这么多时间玩电子游戏不是件好事。作为你的父母，我们有责任帮你拓展思维，筹划未来……

儿子：哇！看哪，我已经打到第72关了，怪物就要来吃我的中微子手榴弹了……

妈妈：你能把游戏暂停一下吗？我在跟你说你的未来。

儿子：我长大想当战斗机飞行员，这些游戏有助于锻炼手眼协调能力。

妈妈：你要是这样，我没法好好跟你谈话……

儿子：等着瞧，我马上就要跳了！开火！

妈妈：我读了一些关于电子游戏对大脑影响的资料，资料上说……

儿子：妈呀！我差点就死了！

妈妈想让儿子少玩游戏多动脑，但这恰好是儿子不愿意做的。儿子正玩得开心，他可不想动脑筋去操心游戏之外的事情。

随着一个人年纪渐长，他会感到生命是如此短暂，到时候他就会明白：若能趁着年轻多锻炼大脑，是多么好的一件事啊。

如果你从这本书中只能学到一件事，我们希望它就是锻炼你的大脑，不要让它又臃肿又疲软。

农夫：*我和你玛贝尔婶婶这些年都没能让这个农场赚钱。*

刚从农业学院毕业的侄子：*为什么不试着改进一下农场的管理方法?*

农夫：*我还是照老规矩做事得了。你说的那个新系统我可没耐心去尝试，要改的东西可太多了。你爷爷总说，老狗学不会新花样。我喜欢你的乐观态度，农场需要你这样的，但是我们懒得折腾了，就这样吧。*

小结

在农夫看来，侄子的想法意味着太多艰苦的脑力劳动，他觉得自己没有精力学习新的农业知识，他害怕脑力劳动。农夫并不吝惜体力，但脑力劳动恰恰是创新所需要的。

思考是一项艰苦的工作。大脑就像一块肌肉，它也需要锻炼。

我们必须锻炼自己的大脑，就像运动员必须锻炼他们的身体一样。只有不停地锻炼大脑，等到我们需要用的时候，它才不至于头痛欲裂。锻炼你的大脑，这是拥有探究之心的第一要务。

读一读下面的例子，请你判断一下这个人最可能是哪种情况：

a 不想锻炼自己的大脑
b 具有探究之心
c 以上都不是

1.一个冲浪的人：嘿，哥们儿，我再也……不回学校了。这些浪头看起来……多酷啊！我可以这样……过一辈子。这就是我的人生。

a b c

2.小孩子：我不能把玩具收起来，我会记不起来把它们放哪儿了。

a b c

3.泰德：可别让我开车进城买东西。从昨晚到现在，雪下了有一尺厚，要把车道上的雪铲干净可太痛苦了。

a b c

4.马里奥：我喜欢同时读两份不同的报纸，看看它们是怎么报道同一事件的。这样，我就可以从两个角度来看待这个事件。

a b c

5.布莱恩：哦，爸爸，我非得做吗？我讨厌修剪草坪。我会弄得浑身都是草，而且我对草还过敏。

a b c

6.凯特：我不喜欢去图书馆。我总是一去就忍不住乱翻书，浪费很多时间。算了，我们还是去吧。

a b c

第2课

好好听别人说话

这节课的主题就是：好好听别人说话，以及这么做的种种好处。

在集市上，鲍勃看见一伙人正在聊天，于是他加入了进去。他听到了一句“……向上推动……”，就赶紧接过话头儿，对玉米价格上涨的原因大抒己见。

几分钟之后，鲍勃说完了。其他人都用奇怪的眼神打量他，不知道他这驴唇不对马嘴的，说的都是些什么——在鲍勃来之前，他们一直在说卡车发动机的事情。

鲍勃不明所以，把大家伙儿的沉默不语当成了内向、不好意思表达，于是继续就玉米价格的话题大讲特讲起来。

鲍勃越说越起劲，他觉得其他人都没能领会他的意思。终于，一个人忍不住小声嘟囔了一句说他要赶紧回家了，他一边说一边溜走了。其他人见状也纷纷离去。

分析

鲍勃的问题出在哪儿？是他说话太多吗？你可能会这么认为。但或许更深层的问题是：鲍勃不善于好好听别人说话。

一个谦虚、善于倾听的人往往具有以下特征：

1. 他更愿意悉心倾听别人的话，而不是总惦记着表达自己的想法。谦虚让他懂得尊重别人和别人的意见。

2. 他并不认为自己的观点高人一等，他觉得其他人往往有更好的想法。

3. 他愿意承认自己对某个问题缺乏了解。当他不懂的时候，他会保持一个开放的心态。

4. 他愿意在某个问题上反思自己的立场。

如果一个人表现出这些品质，那么他很可能就是一个善于倾听的人。要想有探究之心，善于倾听是必不可少的要素。

下面例子中说话的人属于哪种情况：

a 善于倾听
b 不善于倾听
c 不属于以上任何一种情况

1.加里：我知道我是对的，我不需要你来告诉我我是错的。

a ☐ b ☐ c ☐

2.贝蒂：啰嗦啰，啰嗦啰，你一说起来就没完没了。我累得要命，你能不能让我安静一会儿？

a ☐ b ☐ c ☐

3.布莱恩一刻不停地跟他的同事韦伯说了半个小时，然后他说："韦伯，我不想独自霸占咱们的讨论时间，你有什么要说的？要快，我只有几秒钟。"

a ☐ b ☐ c ☐

4.杰瑞：这音乐太大声了，我的鼓膜都快被震破了。你能把声音调低一点吗？

a ☐ b ☐ c ☐

5.比尔：我把耳朵塞上了，我不想再听你对我做什么批评指正。

a ☐ b ☐ c ☐

6.吉姆：我不能总听我朋友纳特的，我应该有自己的想法，我需要自己做决定。

a ☐ b ☐ c ☐

7.帕蒂：我只是想法太多，而且我知道我有时候说起来没完没了。这会阻碍我进步。我需要多听，要学会接受别人的想法。

a ☐ b ☐ c ☐

第3课

正反对立的观点

我们针对某个问题形成自己的观点时，不妨先看看其他人对此有何看法。我们接触到的观点越多，对这个问题了解得也就越全面。

奥斯卡知道他是对的，他没必要去了解其他人的观点，因为它们全都错得离谱。奥斯卡所在的协会名叫“国际平地协会”，协会清清楚楚地告诉过他们：地球是平的，除此之外的观点都是错的。协会印发了各种各样的宣传册，里面说的又清楚又直白。奥斯卡有时候忍不住纳闷，人们怎么可能相信地球是圆的呢？就像协会说的，地球明明就是平的啊。奥斯卡觉得相信地球是圆的的人愚不可及，他们从来不会反思自己为什么相信某件事情。

韦德博士是国际平地协会的负责人之一，他能用一种搞笑的方式来调侃那些自欺欺人地相信地球是圆的的人，哪怕他们每个人都亲眼看见地球是平的。奥斯卡第一次见到韦德博士就很喜欢他。韦德博士还鼓励奥斯卡积极思考。奥斯卡很庆幸找到了这样一位既值得信任又能帮他答疑解惑的人。

奥斯卡并没有实事求是地对地球是“平的”还是“圆的”这两种观点进行评估，没有学习研究，就片面地听取了国际平地协会的一面之词。如果我们仅仅从单一角度看问题，那么也就无法全面了解事实的真相。

别人的意见

做决定的时候，我们最好去征求一下别人的意见。可是，即便很多人给出意见，如果这些意见大同小异，那我们恐怕也学不到什么新东西。因此，我们需要去听听那些持不同意见的人会怎么说。通过这些“顾问”的不同意见，我们才能评估出哪个意见最有价值。

威尔比碰到个问题：面对摆满超市货架的各种各样的牙膏，他不知道该买哪个牌子好。于是他打算问问其他人，听听他们的想法。

商店服务员：*这类含有专业美白成分的产品可以让你的牙齿在24小时之内变白。（威尔比注意到带有专业美白标识的牙膏价格是普通牙膏的两倍。）*

菲比*（朋友）***：***威尔比，你要是能把牙齿上那些蓝莓冰棍留下的蓝色去掉，你的笑容就会更迷人了，用什么牙膏不重要。*

贾德*（朋友）***：***牙膏？那是什么东西？真正的男人从不需要刷牙。*

威尔比的妈妈：威尔比，其实牙膏都差不多，只要别买任何添加氟化物的，听说那些加了氟的牙膏会让人得可怕的怪病。

奥斯汀（同学）**：**我只用“大树”牌牙膏，它是由一家注重环保的公司生产的，他们的产品通过了环保商品认证。

鲍勃（和威尔比在健身俱乐部一起锻炼）**：**我在一个脱口秀节目中听到，只要你多嚼有机薄荷叶，不用刷牙，口气也会很清新。

威尔比觉得自己在牙膏这件事上小题大做了。不过，他现在知道了其他人是怎么想的。最后，他决定继续使用原来的牙膏，其实它用起来还不错。

小结

了解正反观点至少有两个好处：

1. 万一我们错了，我们就有机会改变自己原先的错误看法。如果只听取那些和我们看法一致的意见，我们就不可能有这样的机会。

2. 我们可以学会更好地与别人交流，即使对方的观点是错误的，我们仍能从中学到很多东西。我们会学会如何更好地向别人表达我们的观点，如何为自己的观点辩护。

一个人不可能面面俱到地研究每一个问题的所有观点，但我们至少可以尝试了解几种，这是探究之心的另一个重要组成部分。

针对下面的话题，请你尝试思考每个问题的正反两方面观点。

1.某一个狗的品种好吗?

正：

反：

2.生命是如何起源的?

正：

反：

3.逻辑有用吗?

正：

反：

4.小男孩应该洗澡吗?

正：

反：

5.粉红色好看吗?

正：

反：

第二章 CHAPTER

回避问题

第 4 课

什么是红鲱鱼？

案例

珍妮（女）：女生比男生聪明多了。

伯特（男）：哦，是吗？你怎么知道？

珍妮：因为事实如此。

伯特：但你是怎么知道的？

珍妮：我的邻居琼斯太太就很聪明，贞德拯救了法国，居里夫人还发明了灯泡。

伯特：但你怎么知道她们比男生聪明？

珍妮：因为很多女生智商都很高。

伯特：你还是没有回答我的问题：为什么女生比男生聪明？

珍妮：好吧，我很聪明，你很傻。这就证明了我说的是对的。

分析

很明显，珍妮答非所问。尽管乍一听她好像回答了伯特的问题，但实际并非如此。她需要证明女生普遍比男生聪明，可她的话只能证明有些女生很聪明，而对于是否所有的女生都比男生聪明这件事她却只字未提。

珍妮的话算不上歪曲事实（除了居里夫人发明灯泡那件事），可是，她没有回答关键问题：为什么女生比男生聪明？如果她真打算回答这个问题，她不妨这样说："女生比男生聪明，因为数据表明，女生的平均智商高于男生的平均智商。"虽然这也有可能是因为女生更擅长智力测试。

你看，我们在争论时要做到不跑题，直面我们争论的话题可不是件容易的事。往往我们争来争去就扯到别的事情上去了。不仅如此，当其他人偏离主题或在争论中引入无关内容的时候，我们也要时刻保持警醒，尽管想要做到这一点更难。

当一个人在争论中引入与主题无关的内容时，这个人就是在回避问题。当一个人回避问题，顾左右而言他的时候，我们就说这个人企图抛出一条“红鲱鱼”。

红鲱鱼

驯犬师会用死红鲱鱼来训练追踪犬。驯犬师会提前布置一条散发着浣熊（或是别的什么他们想让狗去追踪的东西）气味的路线，然后把腐烂发臭的红鲱鱼在这条路上拖着走，最终去往一个不同的方向。接着，他们会教狗如何排除红鲱鱼的气味干扰，找到浣熊。当我们说一个东西是“红鲱鱼”的时候，我们指的是这个东西与主题无关，因为设置这个东西的目的是分散我们的注意力，让我们无法关注真正的问题。

我敢肯定类似的事情在你身上也发生过——你和某个人对一件事看法不同，你们各抒己见，互不相让。但争论了一通之后，你发现你们讨论的已经不是刚开始说的那件事了。这是因为你们说着说着，有人抛出来一条红鲱鱼，而接下来你们就一直围绕着另一件事争论不休。

珍妮：_我认为男生就应该帮女生开门。_

伯特：_为什么？_

珍妮：_因为这么做很有绅士风度。_

伯特：_为什么这么做很有绅士风度？_

珍妮：因为这么做能帮到女生。

伯特：可是女生帮男生开门也能帮到男生，那女生也应该帮男生开门喽？

珍妮：让女生开门可不对。今天下午从超市出来的时候，我手里拿着好几大袋子东西，我得把它们放下来才能开门。而你毫无绅士风度，都不知道帮我。

伯特：我没法帮你开门，因为我当时在停车场坐在车里面等你呢。

珍妮：你看看，这不正是我说的？你太没有眼力见儿了，都想不到我从超市出来之后可能需要人帮把手。真是太没绅士风度了！

伯特：我没想到你会买那么多东西，要不然我就会去帮忙了。

珍妮：你应该想得到。

你注意到没有，伯特和珍妮说的已经不是“男生该不该帮女生开门”的问题了，他们面红耳赤，争执不休，说的都是为什么伯特今天没有给珍妮开门。珍妮在讨论中引入了红鲱鱼，而伯特丝毫没有察觉。伯特这时候应该说：“或许我应该帮你开门，但这能说明男生永远都应该帮女生开门吗？”

对于伯特的质疑，珍妮可以回答说：“是的，因为女生的手比男生的小，所以她们开门的时候会比较吃力。”

你或许能找到其他更好的理由来证明男生为什么要帮女生开门，但珍妮上面这句话至少正面回答了问题，而不是顾左右而言他。

并非红鲱鱼

儿子：*234.09667的平方根是多少？*

爸爸：*我不知道。你干吗不用计算器去算算？*

对于这个问题，爸爸给出了正面的回答，他只是不知道问题的答案而已。

当有人说“我不知道”或者当他无法回答某个问题的时候，这不能算是红鲱鱼。他做出了正面的回答，只不过他不知道问题的答案而已。

在下面的例子中，说话的人有没有正面回答问题？如果他跑题了，还抛出来一条红鲱鱼，就请你提高嗓门儿，大喊一声："红鲱鱼！"

1.儿子：为什么我不能跟朋友去看《炒勺的一天》这部电影？

爸爸：因为这是恐怖片，你不应该在这么小的年纪看恐怖电影。

红鲱鱼 □　　　不是红鲱鱼 □

2.儿子：为什么我不能跟朋友去看《炒勺的一天》这部电影？

爸爸：因为今年的1月1日是星期三。

红鲱鱼 □　　　不是红鲱鱼 □

3.儿子：为什么我不能跟朋友去看《炒勺的一天》这部电影？

一个朋友：因为你的钱不够买电影票。

红鲱鱼 □　　　不是红鲱鱼 □

4.儿子：为什么我不能跟朋友去看《炒勺的一天》这部电影？

爸爸：你难道就没有什么别的电影可以看吗？

红鲱鱼 □　　　不是红鲱鱼 □

5.儿子：爸，我能跟朋友去看《炒勺的一天》这部电影吗？

爸爸：你干吗不去问你妈？

红鲱鱼 □　　　不是红鲱鱼 □

6.儿子：爸，我能跟朋友去看《炒勺的一天》这部电影吗？

爸爸：不能。

红鲱鱼 ☐　　不是红鲱鱼 ☐

7.儿子：爸，我能跟朋友去看《炒勺的一天》这部电影吗？

爸爸：我也说不好。这是个什么电影？跟煎饼有关系吗？

红鲱鱼 ☐　　不是红鲱鱼 ☐

8.儿子：爸，为什么你自己跑去看了《炒勺的一天》，却不许我看？

爸爸：这部电影真不错！下星期我带你去看。

红鲱鱼 ☐　　不是红鲱鱼 ☐

第5课 识别红鲱鱼

当一个人抛出红鲱鱼的时候，他不见得是在说谎，他说的仍然可能是真话，只是这个真话跟主题毫无关系。

“闪闪亮牙膏可以有效防治蛀牙。牙医说，蛀牙是我国第一大牙齿问题。”

这个广告里面说的是真话，蛀牙的确是个大问题。可是，广告中并没有说“闪闪亮牙膏”怎么防治蛀牙。要回答这个关键问题，广告中可以这么说：“闪闪亮牙膏是牙医推荐的防蛀牙膏，你选它就对了。”但广告却抛出了一条红鲱鱼——蛀牙是我国第一大牙齿问题。

豪猪是个好宠物。
研究表明，养宠物会让孩子开心！

有时候，红鲱鱼所代表的观点不一定是错误的，但问题是它与眼下正在讨论的事情并无关联。

儿子：_吃菠菜肯定没好处，它太难吃了。_

妈妈：_它也许并不好吃，但这并不能证明它对身体没有好处。_

识别出红鲱鱼有时候并非易事，比如下面这个例子中的红鲱鱼。

在一篇名为《相信有来世的十个理由》的文章中，作者列出了他的第一条理由——因为生活是不公平的，有些人注定一生幸福，而另一些人自打出生便注定身处逆境。如果我们确信人死后没有来世，人世间的不公平就无法得到补偿，那我们该如何相信生命是美好的呢？

我们可以把这个理由总结为："我们相信有来世，不然很不公平。"

作者确实给出了一个理由：生活让人感到不公，而来世或许能补偿这种不公。然而，他给出的理由并不能证明来世真的存在，因此也就无法让我们相信有来世。他说的这番话与关键问题并不相关。

要想让人相信某件事，首先它必须确确实实存在。我们相信一件事，不能仅仅因为这么做会让我们心里觉得好受一点。

在下面的例子中，请你回答这两个问题：

* 双方争论的话题是什么？

* 说话的人有没有正面回答问题？

如果他跑题了，还抛出来一条红鲱鱼，就请你提高嗓门儿，大喊一声：“红鲱鱼！”

1. 棕熊不可能对人类构成威胁，它们看起来是那么可爱。

红鲱鱼 □　　　　不是红鲱鱼 □

2. 我为什么要学习数学？我又不想当数学老师。

红鲱鱼 □　　　　不是红鲱鱼 □

3. 人们应该尽量每个月读一本书，因为读书会完善一个人的思想，增加一个人的词汇量，而这些都是好事。

红鲱鱼 □　　　　不是红鲱鱼 □

4. 当某位候选人被问到是否曾在学校考试中作弊时，他说：“这跟你有什么关系？我认为我没必要回答这个问题，所以我无可奉告。”

红鲱鱼 □　　　　不是红鲱鱼 □

5. 木材有如此多的用途，砍伐热带雨林怎么会是件坏事呢？

红鲱鱼 □　　　　不是红鲱鱼 □

第6课

特殊诉求

我们已经知道，人们有时候会借助红鲱鱼来回避问题。回避问题的手段还有很多，其中一种就是使用双重标准。

A：*你怎么在吃东西？我们不是说好了要节食，两餐之间不吃零食吗？*

B：*这只不过是做饼干的面团，它甚至还没烤熟呢！没烤熟就不能算是真正的零食。*

A和B决定在两餐之间不再吃零食，但B却想对做饼干的面团网开一面，理由是它是还没烤熟的面团。

当一个人使用双重标准或是在理由不充分的情况下，要求网开一面，他犯的逻辑谬误就叫特殊诉求谬误。

分析

特殊诉求谬误也是红鲱鱼谬误的一种。当一个人在理由不充分的情况下要求网开一面的时候，他就是在回避正题，就像抢劫犯说：“大多数人都不应该抢银行，但我是例外，因为我真的很需要钱！”

“爸爸，我知道我应该控制自己的脾气，可是这次姐姐一直唠叨我，我没有办法，只能把她反锁在壁橱里了。”

当一个人很情绪化的时候，他往往希望自己的行为能够得到特殊的关照。这个小男孩在生姐姐的气，他认为姐姐的喋喋不休让他有理由犯这个错误。

小结

要想识别出特殊诉求谬误，我们需要退后一步，问问自己：
这个网开一面的请求说得通吗？
这会分散我们对关键问题的关注吗？

特殊诉求谬误往往会涉及公平性——

该州法律规定，每个人都应遵守限速规定和交通信号灯规则。但是有些官员说，他们不赞成警察给其他警察和警察家属开罚单。“警察有权拦下任何人，但警察之间理应相助，”警长马蒂说，“这是当警察的特权之一。”

有时候，为了能更快地抵达事故现场或是抓捕嫌疑人，警察的确需要超速或是闯红灯。倘若不是因为这些理由，这位警长所言就是一种特殊诉求。

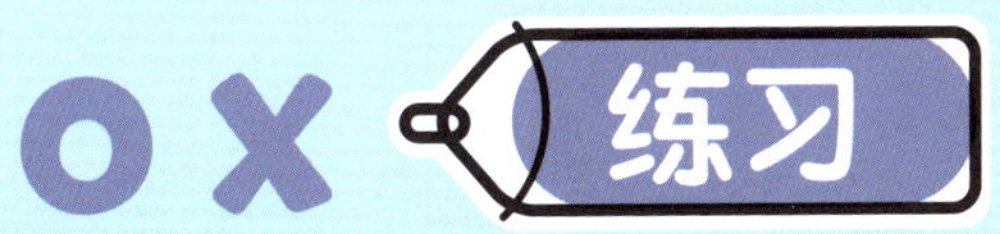

请你看看以下的例子，判断它们属于红鲱鱼、特殊诉求，还是两者都不是。

1.珍妮：这是什么？

伯特：乌德琴，它是中东的一种没有琴格的弦乐器。

珍妮：你会弹吗？

伯特：专业的乌德琴演奏者可以赚很多钱。

红鲱鱼 □　　特殊诉求 □　　两者都不是 □

2.宠物卖家：我的幼犬每只售价1200美元。

买家：能便宜点吗？500美元可以吗？我只想找一个毛茸茸的伙伴来爱我。

红鲱鱼 □　　特殊诉求 □　　两者都不是 □

3.克莱图斯：在这个纷争四起的时代，愿宇宙和平与你同在。

丹姆布瑞：是的，也愿这充满纷争的时代让银河系中心能更好地理解自身存在的意义。

红鲱鱼 □　　特殊诉求 □　　两者都不是 □

4.“能让我下一个用卫生间吗？我憋不住了。”

红鲱鱼 □　　特殊诉求 □　　两者都不是 □

5.“能让我下一个用卫生间吗？我只是去卷头发，而你需要洗个澡。”

红鲱鱼 □　　特殊诉求 □　　两者都不是 □

6.有钱人：我知道你不赞成我花几百万来收藏古董帽子，你认为我应该把这笔钱捐给穷人。但是做个有钱人其实很不容易，你永远都不会理解的。

红鲱鱼 □　　特殊诉求 □　　两者都不是 □

7.孙子：奶奶，我过生日你能多给我点钱吗？你给了约翰尼20美元，我比他大两岁，你应该给我22美元。

红鲱鱼 □　　特殊诉求 □　　两者都不是 □

8. 姐姐：你弄得满屋子都是泥！你怎么总那么特殊，不守规矩呢？

弟弟：快！电话在哪儿？快打急救电话！有个跳伞的人掉在我们家的树上了，他好像受伤了！

红鲱鱼 □　　特殊诉求 □　　两者都不是 □

9. 姐姐：你弄得满屋子都是泥！你怎么总那么特殊，不守规矩呢？

弟弟：下次我一定改。这次我忘了带钥匙，所以我很着急。

红鲱鱼 □　　特殊诉求 □　　两者都不是 □

第 7 课

人身攻击

有时候，人们会攻击说话的人，而不是驳斥他说的话或他提出的观点。英语中的人身攻击这个词来自拉丁语，意思就是“针对某个人”。

一只长成这样的虾能领导我们伟大的国家吗？

珍妮： *我叔叔说每个人都应该学跆拳道，在必要的时候保护自己。*

西尔维亚： *你叔叔不是进过监狱吗？我觉得我们不能相信罪犯的话。*

这可不是值得提倡的讨论方式。一个人可能会有某种经历、性格或人格缺陷，但他的论点照样可以成立。达尔文在19世纪提出了进化论，当时，很多人认为他关于人类起源于古猿的想法荒诞不经。同一时期，达尔文也在研究蚯蚓，他做了很多试验证明：蚯蚓对土壤有帮助，而不是大多数人所认为的害虫。对此，与达尔文同时代的某个人可能会这么说：“达尔文说蚯蚓是个好东西。我们可不能相信他，他还认为猴子可以变成人呢！”

这个论点攻击的是达尔文的人类起源理论，却避而不谈达尔文认为蚯蚓是益虫的观点。说话的人应该分析一下达尔文给出的“蚯蚓是益虫”的理由有没有道理。至于达尔文的其他理论，不管说话的人是赞成还是反对，它们都跟蚯蚓的问题没有什么关系。

人身攻击的另一种情况是攻击对方的动机——

珍妮： *我叔叔说每天运动不应该超过半小时。*

西尔维亚： *你叔叔是那种喜欢古法养生的人吧？他肯定相信“生命在于安静”。我们不必把他的话太当真了。*

不论珍妮的叔叔是否相信“生命在于安静”，西尔维亚都不应该因此就无视他的观点。一个人的性格和动机都会对他的观点产生影响，但这和他的话有没有道理没有直接的关系。

并非人身攻击

当一个人质疑另一个人是不是在讲真话，不能算是人身攻击。

“史密斯先生说他根本不在犯罪现场，我认为我们不应该相信他。众所周知，他撒谎成性，而在这件事上，他显然也有理由撒谎。”

说话的这个人并没有说，因为史密斯这个人性格有问题，我们就不应该相信他的某种观点；他是在质疑史密斯说的话是否值得相信。

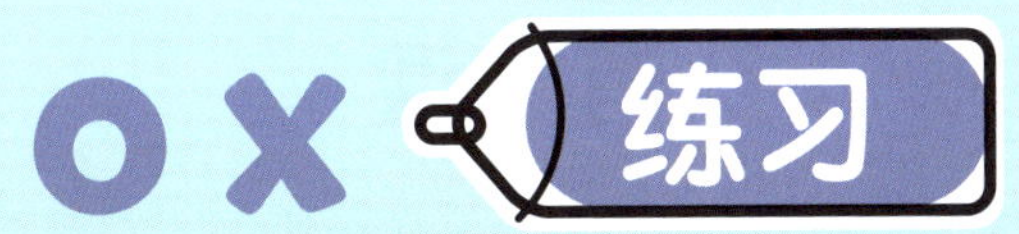

在下面的例子中，你能找到哪些逻辑谬误？如果你没有发现问题，那就请你写上“没问题”。

1. 我知道每个人都认为爱因斯坦的相对论是正确的，但我不这么认为。爱因斯坦连头发都不梳。

2. 我从未遇到过什么人是我不喜欢的。

3. 琼斯先生有一些不错的想法，他的关于降低成本同时增加产量的想法听上去很可行，可是你知道琼斯先生来我们这儿工作之前是个酒鬼吗？

4. 妈妈：伯特，你有没有把垃圾扔掉？

   伯特：你怎么总是怀疑我做的事情？

5. A女士：我和我的孩子们正在读一本逻辑书《谬误神探》，我觉得很不错。

   B女士：哎，那本书的作者都是在家自学的，他们能对逻辑了解多少？

6. 我堂兄说他生日那天会得到一辆真正的赛车，他说这车的时速可以达到470千米。我不信，他总爱撒谎。

第 8 课

起源谬误

起源谬误也是一种对人不对事的逻辑谬误。它之所以被称为起源谬误，是因为它总是拿某个观点或事物的起源做文章。起源谬误和人身攻击不同，它并不是直接攻击说话的人，而是针对某个观点或事物的起源。

嘿！你知道人字拖是嬉皮士发明的吗？

起源谬误的意思是：一个人对某个观点进行批判，而批判仅围绕着这个观点是从哪儿来的，怎么来的，谁最先提出来的。

珍妮：我认为体罚学生是错误的，我们绝不该体罚学生。

克莱德：*你不同意体罚学生的唯一原因就是你小时候被虐待过，而且你一直*

没从这件事的阴影中走出来。

分析

当一个人的观点中存在起源谬误的时候，你很难跟他继续争辩。不管你说什么，他都会说你之所以这么说，是因为你曾经经历过种种不幸，因此你的话不必当真。

人们似乎认为，当坏人提出某个观点的时候，这个观点必会糟糕透顶。然而，就算这个看法真的很糟糕，也未必是它的出处使然。一个观点的好坏与它是谁提出来的、在哪儿提出的没有必然的关联。

伯特：*格里休斯先生，为什么你穿裤子不用皮带？*

格里休斯先生：*因为皮带是几个世纪前在军队中发明的，最先的使用者都是士兵。我又不是士兵，所以我才不要用皮带。*

在格里休斯先生眼中，系上皮带就会像士兵。但是，就算皮带真的起源于军队，系上皮带也不意味着他就会变成军人。系皮带完全可以出于其他的体面的理由，比如为了不让自己的裤子掉在地上。

在下面的例子中，你能找到哪些逻辑谬误？如果你没有发现问题，那就请你写上“没问题”。

1. 看一个人是怎么吃糖的，你就可以知道他是一个什么样的人。

2. 天哪！你都35岁了，还相信有圣诞老人？这肯定是因为你3岁的时候掉到井里摔坏了脑袋吧。

3. 伯特：这本百科全书里说哥伦布于1492年发现了美洲大陆。

   珍妮：我的这本里面说他是1924年发现的。你那套百科全书总共有多少本？

   伯特：4本。

   珍妮：嗯，这就很说明问题了。我的这套有18本，我的肯定是对的。

4. 抽烟不是件坏事，有那么多人都喜欢抽烟。

5. 我听说著名作家欧·亨利曾经进过监狱，我再也不会读他的书了。

6. 参议员提出了几条给军人加薪的理由。但我们都知道，参议员的3个儿子都是军人，如果增加了军人的薪水，他们全家必将受益匪浅。

第 9 课

“你也一样”谬误

“你也一样”谬误，也被称为诉诸伪善谬误，指的是否定一个人对某件事情的看法，仅仅因为那个人在这件事情上言行不一。

案例

弗雷德： *如果我是你，我就不抽烟。抽烟是个坏习惯，会带来各种各样的健康问题。*

杰克： *别跟我说抽烟不好，你自己还抽呢！*

杰克的反驳与弗雷德的建议毫无关系。抽烟对杰克只有害处，没有好处，弗雷德有充分的理由来劝说杰克不要抽烟。至于弗雷德自己，或许他年轻的时候不懂事，那时候开始抽烟，结果到了现在都戒不掉。因此，弗雷德不希望杰克重蹈他的覆辙。

犯这个逻辑谬误的人，自己内心往往有些罪恶感，他们企图将这种罪恶感转嫁给别人，这样就能让自己觉得好过一点。

分析

一个西班牙人： *我不觉得西班牙斗牛有什么不好，我自己就很喜欢看。我知道很多人说斗牛又残忍又血腥又暴力，但看看你们美国人喜欢的那些体育运动：拳击，就是两个人互殴，直到一个人倒地不起；橄榄球，就是两伙人打群架，直到把一个人压在最下面。*

这个人并没有直接回答关键问题“西班牙斗牛是不是又残忍又血腥又暴

力”，而是企图将注意力转移到别人的行为上，他也犯了“你也一样”的谬误。

“嘿，维托，你干吗对我这么不客气？难道我做错了吗？你打了我弟弟，所以我只能在你家门口放点碎玻璃。这样一来，咱们就扯平了！”

一个人对你做了错事并不意味着你就可以用同样的方式来对待他。

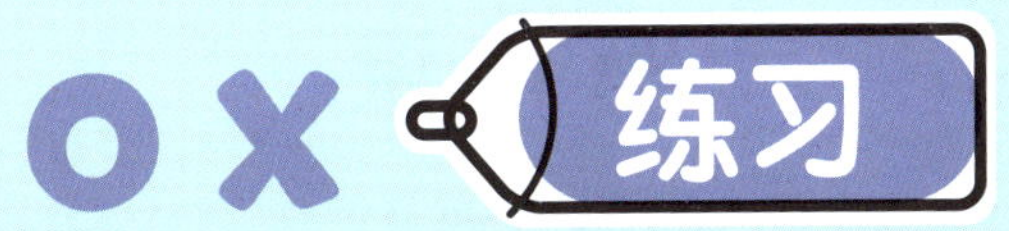

在下面的例子中，你能找到哪些逻辑谬误？如果你没有发现问题，那就请你写上“没问题”。

1. 这家公司的产品不好，因为公司的创始人是个自恋狂。

2. 我的竞选对手声称他的竞选活动不存在任何非法捐款。但这话不足为信，在上一个任期中，他几次说谎都被拆穿了。

3. 只有那些怎么也瘦不下来的人才会反对科学控制饮食。

4. 足球明星怎么可能肇事逃逸呢？他可是个大名人呢！

5. 你总跟我说要保护环境，我觉得太可笑了。你看你，去超市买东西也用塑料袋，而且经常开车，不坐地铁啊！

第 10 课

诉诸权威

我们对一件事情缺乏了解的时候，明智的做法是去咨询一下了解这件事的人，也就是我们所说的“权威”。

案例

你： *我的车开不动了，它是不是出毛病了？*

修理工： *嗯……看上去像是发动机里面的皮带断了，凸轮轴也变形了，万向节也坏了，得把这些都修好了车子才能开。*

分析

修理工怎么说，你就得怎么做，因为他比你更了解汽车，你自然要信任他。在这方面，汽车修理工就是权威。

类似的事情在我们的生活中随处可见。想知道珠穆朗玛峰有多高？我们没必要拿把尺子吭哧吭哧爬上去亲自测量，只需要在书里查一查。如果作者是这方面的权威，我们就有理由相信书中给出的数字。**因此，权威就是在某个范围内具有专业知识的人。**

检察官： *琼斯太太，您丈夫被谋杀时，您在现场吗？*

琼斯太太： *是的。*

检察官： *凶手是谁？*

琼斯太太： *就是那个人！*

琼斯太太当时就在案发现场，所以说起现场到底发生了什么，她就是权威。

当权威说一件事是真的，我们通常会认为这件事是真的，这就叫作诉诸权威。使用得当的话，诉诸权威并不是一件坏事。但如果所谓的“权威”其实并不具备相关领域的专业知识，这时候诉诸权威就变成了一件糟糕的事。

“我认识的修车师傅说，修电脑最好的办法就是狠狠踢它一脚。他说他用这招屡试不爽。”

一个修车师傅很懂怎么修车，但他不见得具有修电脑的专业知识，我们不应该把他当成电脑问题的专家。

一位伐木工人通常也不是修理计算机的权威

错误的诉诸权威是一种逻辑谬误，它的意思是，把不是某个领域专家的人的意见当作了权威意见。

糟糕的是，有些人总拿错误的诉诸权威来吓唬人——

伯特：我一直都是素食主义者，吃素让我比大多数人都健康。

克莱德：你真这么想？我刚看了一本杂志，他们采访了世界上智商最高的一个人。这个人说他不认为吃素对健康有什么好处，说素食者得不到全面的营养，会变得弱不禁风。你还觉得吃素是件好事？

伯特：啊？是这样啊！这个人是世界上最聪明的人，他一定知道很多。也许吃素的确没什么好处。

在上面的对话中，克莱德就是错误的诉诸权威，他用“世界上智商最高的人”这个名头把伯特给唬住了。伯特只要仔细想想就会意识到：世界上智商最高的人也许很擅长逻辑问题，也许能在拼字游戏或国际象棋上打败其他人，但他不见得在吃素的问题上具有专业知识。

当某些人用诉诸权威的方式来吓唬我们，让我们不敢去挑战权威的观点时，他们就犯了错误的诉诸权威的逻辑谬误。

小结

电影明星也常常会被误认为是权威——

“某某明星认为有机食品比那些全是化学添加剂的食品更健康。连他都这么想，你还有什么可怀疑的？”

我们没理由把明星当作营养学权威。一个人在某件事情上（比如演电影）是个受人尊敬的权威，人们往往就会认为他在其他领域（比如营养学）也是权威。大家都愿意相信电影明星的话，尤其是长得特别帅的那种。

当某个话题在权威之间存在争议的时候，仅仅引用单方面权威的意见也可以称之为错误的诉诸权威。

对于有些问题来说，即使在公认的权威中间也存有争议。这种情况下，我们就很难说其中某个权威一定是对的。

一、下面的对话中都用到了诉诸权威。请你判断一下，其中哪些是合理的，哪些是错误的？

1.检察官：谋杀案发生时您在哪里？

证人：我在两个街区之外，当时我正在修剪草坪。

检察官：您看到了什么？

证人：我好像听到一声枪响，于是我抬起头来四处看，刚好看到被告在逃离案发地点。我觉得他一定杀了人，所以我就把他截住并报了警。

检察官：大家都听到了吧？这个证词来自案发现场的目击者，他说被告有罪。

合理的 ☐　　　　错误的 ☐

2.被告辩护律师：您和被告是什么关系？

证人：他来过我的理发店，大概每个月来一次。

被告辩护律师：您认为这个人有可能杀人吗？

证人：不，他看上去是个彬彬有礼的人。

被告辩护律师：大家都听到了吧？这个证词来自一个认识被告的证人。被告不可能犯下这个可怕的罪行。

合理的 ☐　　　　错误的 ☐

3.被告辩护律师：您和被告是什么关系？

证人：我是他的妻子。

被告辩护律师：您认为他有可能杀人吗？

证人：他是一个温文尔雅的人，即使一只蚊子在叮他，他都不会把它拍死。

被告辩护律师：大家都听到了吧？被告的妻子说他不可能杀人。

合理的 ☐　　　　错误的 ☐

4. 你：我的小提琴好像出了点毛病，你有什么建议吗？

修车师傅：你从另一头使劲吹气试试？

合理的 ☐ 错误的 ☐

5. 我绝对不会买福尔汽车。我认识的修车师傅说它们很容易坏，他还说其他师傅也都同意他的观点。

合理的 ☐ 错误的 ☐

6. 医生：吃两片药，然后早上再给我打电话。

病人：为什么要吃药？

医生：因为我认为你需要吃药。

合理的 ☐ 错误的 ☐

二、在下面的例子中，你能找出哪些逻辑谬误？如果你没有发现问题，那就请你在空白处写上“没问题”。

1. 法官：被告，可否请你告诉我，你为什么把你邻居家的窗玻璃都砸碎了？

被告：他们大声放摇滚乐。我讨厌摇滚乐。

法官：你知不知道打碎邻居的窗玻璃是不对的？

被告：我忍受不了难听的音乐，于是我采取了行动。制造噪声是违法的，不是吗？

2. 法官：你为什么这么大声播放摇滚乐？你不知道我们的城市法禁止制造噪声吗？

原告：这条法令不适用。每个人都应该懂得欣赏摇滚乐，因为它是我们当代文化的一部分。

3. 我认为科学家是错的，全球变暖这件事根本就不存在。我刚刚还在跟我老板聊天，他也认为这个想法太荒谬了。

4.《谬误神探》这本书里说，把一个不是权威的人说的话当作证据是一种逻辑谬误。既然书里这么说了，那它肯定是对的，因为作者肯定很了解逻辑思维。

5. 扎克：这儿有个电影叫《早餐之前发生了什么》，咱们一起看看吧。

珍妮：不想看，这片名听起来很奇怪，而且海报上是一个人的大脚趾，感觉莫名其妙。

扎克：这部电影很棒。这是我朋友克莱斯推荐的，他智商超级高，才不会推荐一部奇怪的电影。

第 11 课

诉诸他人

一名用户打电话给电话公司。

案例

用户：听说现在打本地电话也要收费了，我打这个电话就是为了抗议这个规定。你们没权力这么做，你们赚的钱已经够多的了。就因为你们是这里唯一的电话公司，你们就可以为所欲为吗？这简直就是打劫。

电话公司：您的意见我们了解了，感谢您这么开诚布公。

用户：你不用谢我。我可不想为本地电话付钱。

电话公司：您看，当我们内部讨论这项新规定的时候，我们发现目前在我国，为本地电话付费其实是很普遍的。实际上，我们旁边的州就在收取本地电话费。

用户：那又怎么样？

电话公司：您知道大多数欧洲国家的人多年以来一直在为本地电话付费吗？

用户：那又怎么样？

电话公司：您是唯一打电话来抱怨这项新规定的人，其他人似乎都觉得它蛮合理的。

用户：那又怎么样？

电话公司：感谢您的来电……（挂断电话）

电话公司的人没有正面回答用户提出的质疑，他接二连三说的都是一些不相干的事情“在美国，为本地电话付费是个普遍做法”“欧洲的本地电话都要付费”“这个用户是唯一打电话抱怨的人”，这些统统和主题无关。电话

公司千方百计回避问题，这个逻辑谬误就叫诉诸他人谬误。

当某人声称“我的观点是正确的，因为很多人都同意我的观点”时，他就犯了诉诸他人谬误。

诉诸他人与错误的诉诸权威有一些相似，对比一下，你就能看出来——

错误的诉诸权威：以非本领域的权威人士的意见为准。

诉诸他人：以大众意见为准，而大众并非权威。

大众很难被当作是任何一个领域或议题的权威。

村民：*有的专家说我们不应该在这条河上修水坝，这样对环境不好。但是咱们村子里的人不这么认为，大家都觉得修水坝是好事，应该修。*

公众并非这个问题的权威。这个说法就属于诉诸他人。

“这本新书《谬误神探》肯定是最好的逻辑书，连着几个月，它都是畅销书。”

我们都知道，最受欢迎的书不一定是最好的书。上面这个说法也属于诉诸他人。

“看起来去佛罗里达度假的人比去其他任何地方的都多，它一定是全国最美的地方。”

很多人都去佛罗里达度假，我们可以说佛罗里达是个度假的好去处，但是我们不能说那是最美的地方。人们之所以去佛罗里达度假，有可能是因为去那里的花费比较低，说不定他们真正想去的地方是夏威夷。

瓢虫是这个想法的唯一支持者，
她不可能是正确的。

在下面的例子中，你能找出哪些逻辑谬误？如果你没有发现问题，那就请你在空白处写上“没问题”。

1.什么！你让我节食？那你呢？你自己都200斤了。

2.我叔叔是一位儿科医生。他说，孩子表现不好的时候不应该惩罚，这么做一点用都没有。

3.许多人都买了新款羊驼毛大衣，这种大衣一定很暖和。

4.这首歌已经在排行榜上超过一个月了，它一定很流行。

5.去琼斯先生家的果园里不需要征得他的同意。上礼拜，我在那儿遇到了一帮小孩儿，他们正在果园里吃苹果。人们可以在琼斯先生的果园里随便走，没人去征得他的同意。

第 12 课

稻草人谬误

稻草人谬误的意思是故意扭曲或夸大对方的观点，从而使它更容易被击败。

妈妈： *我觉得你最近花了太多时间玩手机游戏。*

儿子： *难道你希望我把这些价值1 000美元的游戏装备都扔了，然后整天坐在房间里做智商测试题？*

分析

这显然不是妈妈的意思。妈妈认为儿子应该少玩一点手机游戏，而不是一点都不能玩。儿子把她的观点夸大得走样了，他的话中就存在稻草人谬误。

稻草人谬误就是扭曲对方的观点，让它显得漏洞百出。被扭曲的观点就是一个“稻草人”，因为它就像稻草人一样，很容易被一把推翻。而实际上，对方原来的观点并没有这么不堪一击。

竞选人A： *由于今年的预算紧张，我们应该减少学校的经费。这样一来，预算问题就解决了，明年我们就可以把预算恢复到正常水平。*

竞选人B： *同胞们，这是你们想要的候选人吗？这个人反对我们的学校，反对孩子的教育，反对我们的未来！*

竞选人B故意制造出来一个“稻草人”观点，然后再来攻击这个稻草人。

实际上，竞选人A只不过是想把学校今年的经费降低而已，但竞选人B就把这个意思扭曲为“反对一切和教育有关的事情”。如果一个人彻头彻尾地反对教育，他的观点就很容易成为众矢之的。相比之下，把学校经费暂时削减一年的提议温和而不极端，因此反驳起来也会困难很多。

妻子：*我们的车子有点不对劲。我觉得我们得换辆车了，换辆更舒服点的。*

丈夫：*你想买一辆崭新的豪华车？我们可买不起劳斯莱斯。*

妻子可没说她想要一辆豪华车，她只不过想要一辆舒适可靠的车。丈夫的话中就存在稻草人谬误。

爸爸：*你妈妈和我都觉得你每天零食吃得太多了，这样对身体不好。不是不可以吃，但是应该适量。*

女儿：*哼，你们就是想让我什么都得听你们的，连我吃饭、喘气你们都要管。*

小结

我们不应该总把别人的观点往坏处想，而应该实事求是地看看他们到底想表达什么意思。

稻草人谬误和红鲱鱼谬误有相同之处，在稻草人谬误中，说话的人也引入了一个无关的观点。其实，争论双方没人持有这个观点，而它却变成了被攻击的目标。

难道我每次进门都要洗个澡吗?

在下面的例子中，你能找出哪些逻辑谬误？如果你没有发现问题，那就请你在空白处写上“没问题”。

1. 最近的民意调查显示，数百万美国人都担心洛杉矶会受全球变暖影响，在二十年后被海水淹没。

2. 我认识的几乎所有人都认为凯瑟琳是个骗子。

3. 全球变暖根本就没有发生。今天我问了十个人是否认为地球在变暖，所有人都否认了。

4. 脱口秀主持人昨天说战争马上就要爆发了。看来，接下来的几个星期，我都要躲在地下室里了。

5. A：我认为应该在学校教育中增加更多的美术和音乐课程，这可以提高学生的综合素养，培养创意思维。

   B：这太不现实了。照你这么说，难道我们应该把所有数学课和语文课都取消，让学生整天只学画画和唱歌？这怎么可能让他们将来找到好工作！

6. 我们的飞机快起飞了，咱们走应急车道吧。我看其他人都这么做。

第三章 CHAPTER

做出假设

第13课

一个故事

请你仔细阅读下面这个关于阿如·古普塔（下文简称阿如）的故事。我们姑且假设故事中所说的都是真的，没人撒谎或给出虚假信息。等你读完之后，我们有问题要考考你。

案例

猫睁圆了眼睛坐在那儿，沉默不语了好一会儿。一只猫能有多沉默，它就有多沉默。然后，它转身跳开了。

阿如走到小巷的尽头，然后左转，来到了一处热闹的地方。这是一个集市，小贩的摊铺沿着街道两旁一一排开。阿如听到一个小贩像唱歌一样地吆喝着："甜菜，新鲜的甜菜，新鲜的甜菜这边买。"

阿如饿了，可是他口袋里只有两个帕普沙卡——这是克洛夫尼亚钱——这点儿钱可买不起任何吃的。

"去市中心怎么走？"阿如问了一个满脸灰尘的小贩。

小贩抬起头，举手指了指："沿着这条路一直走。"

阿如沿着这条街一路往下走。今晚在哪儿过夜呢？阿如又一次在心里琢磨着。

"这个倒霉的国家，这个倒霉的城市。"他自言自语。

天气越来越热，阿如只好把毛衣脱掉。他顺势往左边一瞟，看见一个留着浓密大胡子的男人正冲他招手。

"快过来！我是友，非敌。"这个男人说，他再次急切地招招手。

阿如朝他走过去，同时提醒自己说话要小心。

这个男人抓住阿如的肩膀，在他耳边低声说道：“要是被人看见了，咱俩的命可就连一个帕普沙卡都不值了。快点儿！”他一把将阿如拉进门去。

房间里一片昏暗。“快点儿，”这个男人又说，他拉过旁边的一把椅子，把阿如塞进椅子里，“我给你拿点儿燕麦粥去。”

等到眼睛适应了黑暗，阿如这才看出来他是在一家餐馆里。天花板很低，房间里弥漫着樟脑丸和发霉的烟草味道。房间中央，十来个矮个子男人正围坐在一张桌子旁，喝着甜菜汁。

不一会儿，大胡子男人端着一碗冷燕麦粥回来了。

“慢点儿吃，”他说，“今晚你就住这儿。”

阿如照做了，因为他实在太饿了。燕麦粥虽然又冷又难吃，却让他的胃能好受点儿。

大胡子男人在他身边坐下，嘟囔了一句克洛夫尼亚语。

“你说啥？”阿如问，“你是克洛夫尼亚人吗？”

“只有克洛夫尼亚人才会说克洛夫尼亚语。”这个男人用英语说，“找到你真不容易！你到这儿已经很久了吗，阿如·古普塔？”

“没多久，”阿如回答道，“我昨天才到。”

“那你还不知道这个消息？”

阿如自从来到这儿之后就没听到过任何消息。

大胡子男人正要说什么，然而就在这时，门被猛地撞开了，几个穿着制服的高个子男人挥舞着棍棒大步走了进来。

一个男人显然是这群人的首领，他大步走到房间中央，嘴里还叼着一根冰棒。

“反对派都在哪儿？”他问道。他说的不是克洛夫尼亚语，而是粗俗的法语。

桌旁的那些矮个子男人都愣了一下，然后齐刷刷地冲向门口。

阿如也站了起来，正准备跟着往门口跑，忽然觉得胳膊被人拉了一把。他看过去，拉他的不是那个留胡子的男人，而是一个高个子女人。

“跟我来，”她边说边带他从房间后面的一扇门走出去，“给，拿着这家伙。”女人一边说一边塞给阿如一只猫，“从这儿走，穿过这几扇门之后，你会看见一条小巷，沿着小巷走，直到他们看不见你为止。”女人推了他一把，消失了。

阿如推开门走了出去，手中紧紧抓着那只猫。在一个黑暗的小巷里，他站住了，不知道该怎么办。

“我希望这一切只是一场噩梦。”猫发出嘶嘶声，阿如把它放在地上，重新穿上自己的毛衣……

猫睁圆了眼睛坐在那儿，沉默不语了好一会儿。一只猫能有多沉默，它就有多沉默。然后，它转身跳开了。

阿如继续走到小巷的尽头，然后左转，来到了原来的那处热闹的地方。这是一个集市，小贩的摊铺沿着街道两旁一一排开。阿如听到一个小贩像唱歌一样地吆喝着："甜菜，新鲜的甜菜，新鲜的甜菜这边买。"

…………

请你读一读下面的每句话，然后判断一下它是哪种情况。

在回答问题的时候，请你严格按照故事中已知的信息来判断。如果有必要的话，你可以把故事多看几遍。

1. 阿如是男的，不是女的。

正确 □　　不确定 □

2. 阿如是在一个城市里。

正确 □　　不确定 □

3. 阿如在一个叫克洛夫尼亚的国家。

正确 □　　不确定 □

4. 阿如位于该市人口最稠密的地区。

正确 □　　不确定 □

5. 阿如穿着一件毛衣。

正确 □　　不确定 □

6. 阿如的年龄超过 25 岁。

正确 □　　不确定 □

7. 大胡子男人是阿如的朋友。

正确 □　　不确定 □

8. 大胡子男人把阿如拉进了一家餐馆。

正确 □　　不确定 □

9. 大胡子男人说的是克洛夫尼亚语。

正确 □　　不确定 □

10. 大胡子男人是克洛夫尼亚人。

正确 □　　不确定 □

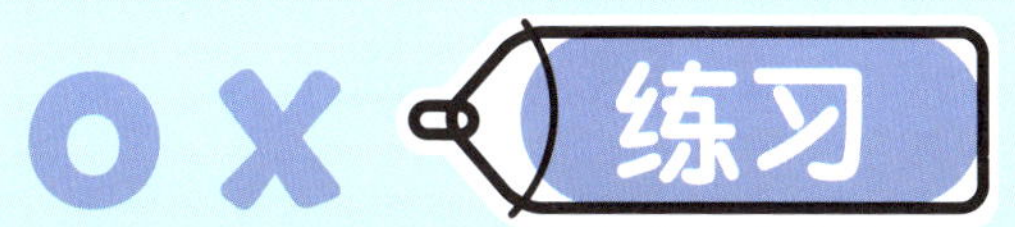

11. 大胡子男人有可能就在餐馆工作。

正确 ☐ 不确定 ☐

12. 矮个子男人在喝甜菜汁。

正确 ☐ 不确定 ☐

13. 穿制服的那群人的头儿想知道反对派在哪里。

正确 ☐ 不确定 ☐

14. 桌边的矮个子男人害怕被当作“反对派”抓起来。

正确 ☐ 不确定 ☐

15. 阿如觉得燕麦粥的味道很糟糕。

正确 ☐ 不确定 ☐

16. 阿如把燕麦粥吃了。

正确 ☐ 不确定 ☐

17. 阿如年龄还太小，他不应该去这家提供甜菜汁的餐馆。

正确 ☐ 不确定 ☐

18. 高个子女人想救阿如。

正确 ☐ 不确定 ☐

19. 阿如在最后关头逃过一劫。

正确 ☐ 不确定 ☐

20. 这是一个没完没了的故事。

正确 ☐ 不确定 ☐

第14课

假设

在上一课中，我们讲了阿如·古普塔的故事，我们也问了你一大堆关于这个故事的问题。如果你答错了其中几个，那有可能是因为你以为这个故事中讲了一些事情，但实际上它并没有。在这节课中，我们就要提醒你，要小心对待你所做的假设。

案例

在上图中，哪个字母与其他字母不同？那个看起来像“9”的字母实际上是小写字母“q”。

“a”

这个字母的不同之处在于，它是字母表的第一个字母。

分析

它也是唯一一个右边有个小短线的字母。

它还是唯一的元音。

“b”

这个字母的不同之处在于，它的竖道是在圆圈左边而不是右边，而且它的小竖道是往上出头的。

“c”

它的不同之处在于，它是唯一一个没有封口的字母。

它也是唯一一个一笔就能写完的字母。

“q”

这个字母的不同之处在于，它是唯一一个不按字母表顺序排列的字母。

它也是唯一一个竖道向下出头的字母。

那么到底哪个字母更与众不同呢？你觉得我们是否应该就此论证一番，争出个结果来？

此外，这张图中你有没有漏看什么？

你看到中间那个字母“t”了吗？它比其他字母都要大，就在图的中心。它由两条直线组成，没有弯曲的部分。如果你漏看了它，是不是因为你假设所有的字母都应该一样大？

这告诉我们：做假设是个危险的事情，尤其是当我们在不知不觉中做出假设的时候。

谜语1

在乡村博览会上，那些获得金奖的农场动物都被放在专门的展览棚里。这天下午，一个身穿黑色背心的男人走到获奖的奶牛旁边，对准它的头一通拍，然后一溜烟儿跑出了展棚。尽管周围人山人海，却没人去阻止这个穿黑色背心的人。这是怎么回事?

谜语2

泰勒博士住在纽约，他在华盛顿有一次演讲活动。华盛顿在纽约的西南，开车大约需要四小时。他和妻子早上开车到华盛顿。当晚讲座结束后，他们上了车，沿着早上来的时候的行驶方向继续行驶。当天晚上，在离开演讲厅大约四个小时后，他们就回到了家。这又是怎么回事?

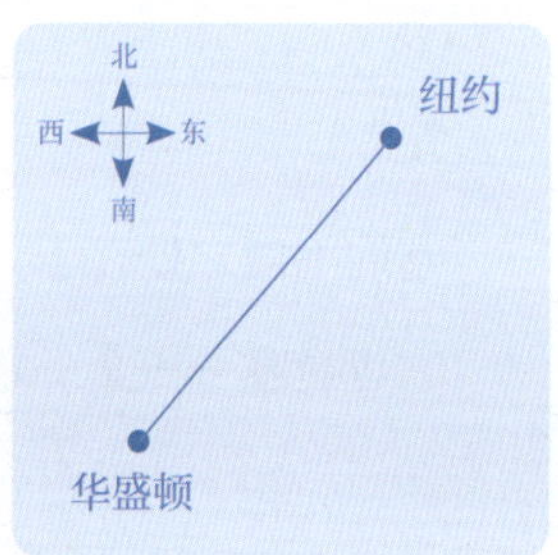

这些谜语的谜底很快就会揭晓，请你耐心等待。

当心你所做的假设!

我们经常把一些假设视为理所当然、不证自明。

人们往往会在不知不觉中做出各种各样的假设。当两个人争执不休的时候，他俩很可能会分别做出不同的假设。如果他们很清楚彼此做了哪些假设，或许就能意识到自己错在哪里，甚至可能发现他俩的意见其实根本就不矛盾。

要对我们做出的假设保持警醒，首先就要具有一种健康的怀疑态度。我们需要怀疑每个人，甚至包括我们自己。但是，我们真能做到时时刻刻保持警醒吗？不能。没人能做到百分之百客观，我们只能尽力而为，力求客观。

小结

这三个建议可以帮助你变得更客观：

1. 多听。每次仔细听取别人的观点时，我们其实都在给自己制造机会，让自己不会上当受骗。

2. 评估我们做出的假设。我们需要清醒地认识到每个人都带有偏见，我们需要了解和控制自己的偏见，我们需要不断自问："为什么我觉得这是真的？"做出假设这件事本身没有错，但我们需要做出正确的假设。

3. 评估别人做出的假设。我们应该留意那些蛛丝马迹，它们会让我们知道别人做出了哪些假设，这样我们就能深入了解别人为什么会相信他们所相信的。

谜底1

这个男人是用他手中的相机给奶牛拍了特写照片。他是记者，因为要赶着交稿，所以他拍完照片就匆匆离开了。你是不是提前在心里预设了"拍"这个字的意思？你是不是以为那句话的意思是这个男人打了奶牛？

谜底2

虽然泰勒博士住在纽约，但讲课那天他并不是从纽约出发的。那天他住华盛顿西南边的一个地方，他和他的妻子开车去华盛顿参加演讲活动。演讲结束后，他们沿着早上来的方向继续开就回到了纽约，大约开了四小时。当我们说泰勒博士住在纽约时，你是不是认为当天他就是从纽约开车出发的？千万要当心那些会捣乱的假设。

布兰特：妈妈，如果你买了那个很贵的烤面包机，我们午饭后就不能出去吃冰激凌了。今天是我的生日，我想吃冰激凌。

根据上面这段话，你觉得布兰特是否做了下面这些假设？

1. 妈妈钱包中的钱是有限的。

是 ☐　　　　否 ☐

2. 他可以在生日那天得到他想要的东西。

是 ☐　　　　否 ☐

3. 所有的烤面包机都很贵。

是 ☐　　　　否 ☐

4. 世上没有免费的冰激凌。

是 ☐　　　　否 ☐

5. 妈妈并没有提前给他买好冰激凌放在冰箱里。

是 ☐　　　　否 ☐

6. 冰激凌放入烤面包机后会融化。

是 ☐　　　　否 ☐

第 15 课

循环论证

如果一个人说“A是真的，因为B是真的；而B是真的，因为A是真的”，那他就是在做循环论证。

案例

有两个小男孩，他们都想吃饼干，但他们的妈妈不许他们吃。

男孩A： *我有个主意。我可以从我家的饼干桶里拿一块饼干，分给你一半。然后，你可以从你家的饼干桶里拿一块饼干，放进我家的饼干桶里。*

男孩B： *那我就麻烦了，我妈妈会发现少了一块饼干。*

男孩A： *到时候我可以从我家的饼干桶里拿出一块饼干放回到你家的饼干桶里，这样她就不会发现了。*

男孩B： *不行，那你就麻烦了。*

男孩A： *我有点糊涂了。我们好像在绕圈圈。*

他们的确是在绕圈圈。这么做毫无意义。

原告： *法官，我没有说谎。我信教，信教的人从不说谎。*

法官： *我怎么知道你是否真的信教？*

原告： *因为我从不说谎。*

原告的话就是典型的循环论证。原告为了证明自己没有说谎，他说自己信教，而信教的人不会撒谎。而当他试图证明自己的确信教的时候，他使用的理由是他从不说谎！原告在兜圈子，这也是为什么我们管这种论证叫循环论证。

原告实际上就是在说“A是真的，因为B是真的；B是真的，因为A是真的”，换句话说就是“因为它是真的，所以它是真的”。在循环论证中，一件事明明有待证明，但说话的人却假设它是真的。有些循环论证刁钻古怪，错综复杂，把你看得头昏脑涨。

吉米： *爸爸，我为什么要学逻辑学？*

爸爸： *因为它能拓展你的思维。*

吉米： *为什么它能拓展我的思维？*

爸爸： *因为它会让你更好地思考。*

吉米的爸爸就用了一个非常简单的循环论证。他其实就是在重复第一句话，却用了不同的措辞来表达同样的意思。吉米还想看到更多证据，但爸爸并没有拿出来。有时候，当一个人想不出更好的说辞和理由的时候，他就会换汤不换药，变换措辞来重述他原来的观点，再拿这个重复的说辞来冒充是原来观点的证明。

如果有人只不过是在重复自己的观点，却把这当作自己观点的证明，那他就是在做循环论证。

让每个人享有充分的言论自由，从整体上讲必将有利于国家；因为让每个人都享有纯粹的表达情感的自由，这对于群体的利益大有裨益。

——理查德·怀特利《逻辑学要素》

小结

上面这句话就是一个循环论证的经典例子。许多声名显赫、聪明绝顶的人都没有察觉到自己其实使用了循环论证。当然，也有很多人在用循环论证的时候其实是心知肚明的。我们往往会被文字的障眼法搞得头晕眼花，没有意识到这个人的观点就是在原地兜圈子。

一、以下哪个例子包含了循环论证的谬误？

1. A：我觉得星相学能让我们知道自己真实的未来，你觉得呢？

B：我不这么想，我认为这套东西很愚蠢。

A：但我知道这是真的，因为我是白羊座，白羊座的人非常善于发现真相。

循环论证 □　　不是循环论证 □

2. “谁拿了我的梳子？每次我要用它的时候都找不到，而我不需要时它却总是在眼前。”

循环论证 □　　不是循环论证 □

3. 一个想学逻辑但还没开始学的人：我知道所有想学逻辑的人都是非常聪明的人，这很明显。如果他们不够聪明的话，他们就不会想做有逻辑的思考！

循环论证 □　　不是循环论证 □

4. 丈夫：我累了。等我们回到家，我要坐下来放松一下，一边看电视一边吃个饭。

妻子：那我是不是再苦再累也得给你做饭？

丈夫：除了你还有谁会做饭？

循环论证 □　　不是循环论证 □

5. 教授：该领域的所有专家都同意我的结论。

学生：但我听说席林教授不同意您的观点。

教授：他不是专家，所以他的观点不算数。

学生：您怎么知道他在这个领域没有经验？

教授：他显然毫无经验，因为他不同意我的观点。

循环论证 □　　不是循环论证 □

二、下面的对话中是否存在循环论证？如果存在，具体是在哪里呢？

小希：我觉得我感冒了。

大德：还好不是紫雏菊感冒。

爱管闲事的小奥：什么是紫雏菊感冒？

大德：就是……嗯……你觉察到自己感冒了就赶紧吃紫雏菊，结果等你不吃的时候，你的感冒就会更严重，因为你已经不再服用紫雏菊了。

爱管闲事的小奥：哪些临床研究能证明这个理论呢？

大德：这是真的，这是我的亲身经历。

爱管闲事的小奥：但是这种个别案例是不可靠的，尤其当它仅仅是你的个人经历的时候。

小希：真正的医生都不建议服用紫雏菊。

爱管闲事的小奥：什么是“真正的医生”？

小希：真正上过医学院的医生，他们比大卫医生这样走火入魔的医生懂得多多了。大卫医生让你吃紫雏菊，那是因为他自己就卖药。

爱管闲事的小奥：那该如何区分真正的医生和其他医生？

小希：真正的医生更聪明。

爱管闲事的小奥：你怎么知道不推荐紫雏菊的医生比推荐紫雏菊的医生更聪明？你研究过不同医生的智商吗？

小希：很明显他们更聪明，因为他们不会让你吃紫雏菊。

爱管闲事的小奥：我们的讨论在原地转圈儿。

小希：没有的事。

第 16 课

含糊其词

案例

有个人走到你面前，对着你的鼻子就是一拳。这可不是正常人该干的事，所以你质问打你的人：“哎！干吗呀你？”

他说：“今天是星期二，一到星期二我就忍不住要这么干，这是我的习惯。”

你对这个回答很不满意，反问他：“可你凭什么打人啊？”

“嗯，”他说，“每个人都有做事的习惯，比如你有早晨刷牙的习惯，也有坐车系安全带的习惯。所以，我认为我的这个习惯也很正常，没什么大不了的。”

分析

你现在肯定嗅到了这个故事有些不对劲。说话的这个人在玩文字游戏，他把“习惯”这个词的含义改变了。

在对话的开始，“习惯”这个词的意思其实类似于“毛病”，它指的是某人因为缺乏自制力而做的某事。这个人说“一到星期二我就忍不住这么干，这是我的习惯”，这里的“习惯”指的是类似于啃指甲这类坏毛病。而说到后来，“习惯”的意思变成一个人日复一日有规律地去做的一些很好的事情，比如早睡早起、吃早餐等。

在争论中，含糊其词是为了改变某个词的含义。

有些时候，含糊其词的人并没有意识到自己犯了这个错误。

汤姆：*我妈说每天都应该多吃水果，因为水果对身体好。所以我今天吃了两*

块蛋糕，因为它们是水果蛋糕。

有时候，含糊其词会起到幽默的效果。

多萝西：*你是故意这样做的吗？还是因为你拿不定主意？*

稻草人：*问题就在这里。我拿不定主意，我没大脑，只有稻草。*

多萝西：*你要是没有大脑，怎么会说话？*

稻草人：*我不知道。但是好多没大脑的人都会喋喋不休，难道不是吗？*

多萝西：*好吧，或许你是对的。*

选自《绿野仙踪》

稻草人把“大脑”这个词的意思给偷梁换柱了。一开始，他说的“大脑”是一个人是否拥有大脑这个身体器官；到后来，他说的没“大脑”是缺乏智慧或常识。

每个人都知道，规则会变。短短的几年里，禁酒令就被废除了，禁止批评总统的规定也被废除了。你看，热力学定律认为永动机不可能被制造出来，这肯定也会变，就像禁酒令一样。我的公司正打算制造一台永动机，大家快来投资吧。

这个观点猛一看貌似很有说服力，却经不起推敲。说话的人先是用“规则”来特指政府制定的一些法规，比如禁酒令。然后，他用“规则”来指代自然规律。自然规律是自然界固有的、本质的、稳定的联系，比如万有引力定律。

下面的例子中是否存在逻辑错误？如果有的话，是什么错误呢？

1.爸爸：儿子，我希望你长大后成为一个负责任的年轻人。

儿子：但是，爸爸，我已经很负责任了，每次有东西打碎的时候，好像都是我来负责任。

2.年轻人：我好饿，让我看看冰箱里有没有吃的……只有一些剩饭，我觉得我没那么饿了。

3.凡是使用了大量逻辑谬误的人肯定都缺乏逻辑。《谬误神探》这本书使用了很多谬误（作为例子），所以它一定是一本很没有逻辑的书。

4.要证明吸烟会致癌很容易，因为科学已经充分证明了香烟含有致癌物质。

5.克莱德：我的天哪，我已经连续两周每天都在工作了。

伯特：你为什么不告诉你的老板，你工作这么努力是想要加薪？

克莱德：我联系不上他，他正在休假。

6.计算机显示：该程序执行了非法操作，将被终止。

珍妮：啊——他们会把我关进监狱吗？

第 17 课

复合问题

如果一个人问了一个问题，但他在问题中掺入了预设的观点，这就是一个复合问题。

案例

“给我！”四岁的弟弟从哥哥手里一把抢过玩具铲。

“你太过分了！”哥哥抓起弟弟的玩具军舰，“把我的铲子还给我！”

哥哥说完，脚底下被绊了一下，在沙滩上摔了个仰八叉。

弟弟像螃蟹一样窜来窜去，咯咯笑着说：“我就要玩这个铲子。”

哥哥冲过去追弟弟，并抓了一把沙子扔过去，但弟弟已经跑远了。

弟弟停下来，把铲子扔给哥哥，哭道：“呜——哥哥拿了我的铲子，沙子进了我的眼睛，呜——”

妈妈抬起头，厉声责问道：“哥哥，你为什么要抢弟弟的铲子？你过来！”

分析

妈妈问的就是一个复合问题，她把两个问题合二为一了。她首先应该问：“哥哥，你有没有抢弟弟的铲子？”然后再问：“你为什么要抢弟弟的铲子？”实际上哥哥并没有抢弟弟的铲子。

法官：*控方，你现在可以对被告提问了。*

控方[①]**：***被告，你用什么擦掉了你留在枪上的指纹？*

---

①刑事诉讼中代表公诉机关提起公诉，追究被告刑事责任的当事人一方，也可以是机构，如检察院。

被告：我没用任何东西。

控方：那也就是说枪上留下了你的指纹，是吗？

被告：不！我从没见过那把枪。

控方：可是你刚才说你并没有擦掉枪上的指纹。

被告辩护律师：法官大人，控方检察官试图迷惑我的当事人……

控方：好吧，那我换个问题。被告，你是否停止了殴打妻子的行为？请回答“是”或“不是”。

被告：不是。

控方：对妻子使用暴力，你不觉得内疚吗？

被告：我从未对妻子使用过暴力。

控方：可你刚才说你并没有停止殴打她。陪审团[1]的任何一个正常人都知道，

①陪审团：西方国家参与审理重大刑事案件的陪审组织，由特定人数的有选举权的公民参与决定嫌犯是否被起诉，是否有罪。

如果你仍然在殴打你的妻子，那么你就是一个使用暴力的丈夫。

被告： *我从没说过我打妻子！你问的……*

控方检察官用了大量复合问题把被告弄得晕头转向，这些问题中掺入了预设的观点，被告想不好该如何回答。比如，控方检察官问：“你是否停止了殴打妻子的行为？”如果被告回答“是的”，那么法庭上的每个人都会认为他曾经打过妻子；如果他回答“不是”，那么大家就会认为他现在还在打妻子。

复合问题的目的是牵着你走向一个预设的答案，因为它里面还藏着一个有待印证的问题。

调查问卷：你是否赞成数学老师提出的那个效果很一般的周末补课计划？

你发现了没有，当你回答这个问题的时候，你实际上一口气回答了下面两个问题：

1. 你认为数学老师的周末补课计划效果很一般吗？

2. 你赞成这个补课计划吗？

调查问卷中的这个复合问题似乎别有用心——它想让你默认周末补课计划是个不怎么样的主意。写下这个问题的人显然希望你回答“不赞成”。

小结

当你怀疑对方的问题是一个复合问题的时候，你不妨问问自己：我能不能拆分这个问题？在做出回答之前，你应该先质疑这个问题，看看它是不是企图误导你。

一、以下哪个论证包含复合问题？如果它包含了复合问题，请你把那个隐藏的问题找出来。

1. 邻居：你为什么喜欢大声播放音乐来扰民？

复合问题 ☐　　　　非复合问题 ☐

2. 广告：……那么，您打算什么时候把这款新型的电动汽车变成您所拥有的第一辆车呢？

复合问题 ☐　　　　非复合问题 ☐

3. 妈妈问孩子：你上次洗澡是什么时候的事？

复合问题 ☐　　　　非复合问题 ☐

4. 杂志广告：您现在使用的止痛药能否在一秒钟之内就生效？

复合问题 ☐　　　　非复合问题 ☐

5. 电脑安全系统的广告：让黑客入侵电脑获取您最机密的文件，您的公司能够承受这个风险吗？

复合问题 ☐　　　　非复合问题 ☐

6. 孩子问妈妈：总统总是这么不高兴，是不是因为他想当宇航员，但他妈妈却让他当了总统？

复合问题 ☐　　　　非复合问题 ☐

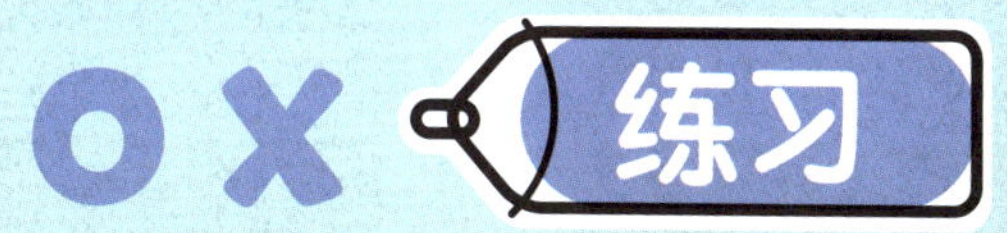

7.电话销售员：是的，女士，我们公司只卖最好的厨具……是的，我们卖的所有东西都有质量保证……当然，我们绝不强迫您购买更多的产品。您打算怎么付款，支票、现金还是信用卡？哪种方式都可以，看您觉得哪种最方便。

复合问题 ☐ 非复合问题 ☐

8.甲：你想得太多了。

乙：不，我只是不擅长快速做出决定。

复合问题 ☐ 非复合问题 ☐

二、下面这些例子中是否有逻辑谬误？如果有的话，是哪种逻辑谬误？

1.小熊队一定是一支优秀的棒球队，因为他们在家乡芝加哥很受欢迎。

2.不是每个人都能出名，因为我们中的一些人注定不如其他人受欢迎。

3.妈妈：你知道我的《读者文摘》在哪里吗？

珍妮：狗吃了吗？

4.每次去商店，我最后都会买一些我不需要的东西，却忘了本来要买的东西。

5.美丽的女电影演员：我知道你很难理解北极光其实是试图与我们交流的外星人的信号。因为你是人，人类无法理解通灵语言。

第 18 课

滑坡谬误

案例

在一个寒冷的夜晚，一位阿拉伯商人正坐在帐篷里烤火，他的骆驼在帐篷外休息。

突然，骆驼拱开了帐篷帘子。

“主人，我求求你，”骆驼恳求着，“让我把头伸进来吧，外面太冷了。”

“当然可以，快进来吧。”商人说。骆驼把脑袋伸进了帐篷里。

“如果能让我的脖子也进来暖和暖和就好了。”骆驼恳切地说。

“把你的脖子也伸进来吧。”商人说。

现在，骆驼可以把头左转转，右转转。

“如果我能把前腿也放进来就好了，它们不会占太大地方。没有它们，我可就站不起来了。”

“可以，把你的前腿放进来吧。”商人一边说，一边又给骆驼腾出一些地方，帐篷实在太小了。

“我能不能整个儿站在里面？”骆驼继续说，“我站在里面还可以帮着撑起帐篷。”

“好吧，当然可以，”商人说，“你理当跟我一样暖和。”

于是，骆驼整个儿挤进了帐篷。

但这个帐篷实在太小了。“我觉得，”骆驼说，“这个帐篷装不下我们两个，你还是待在外面吧，因为你个头儿比较小。”它说完一拱，就把商人挤出了帐篷。

改编自《阿拉伯人和他的骆驼》

错误的事情一定要消灭在萌芽状态——这是一个明智的做法。

分析

滑坡谬误的核心思想就是，一旦我们朝前迈出一步，我们就会不可避免地一路走下去，因为每一步和下一步之间都不存在任何本质差异。

妈妈：_我们不能让她再养一只狗了！_

爸爸：_哦？我们家养两只狗没问题，她喜欢动物。_

妈妈：_两只狗？接下来她会要三只、四只，她绝不会就此打住！_

在这个滑坡谬误中，妈妈觉得倘若家里再增加一只狗，日后就还会再增加到三只甚至四只！而实际上，多养一只狗和养四只狗完全是两码事。有时候，顺着滑坡谬误的思路往下说，你就会发现这种推理的荒谬之处。

爸爸：_养三只狗怎么够？也许她还想再养一只狗！_

妈妈：_想都别想！那样的话，我们连家门都甭想打开了。_

一群对新的交通法规表示不满的民众："一旦州议会通过这项法律，他们就可以禁止我们开车看手机。接下来，他们就会禁止我们看地图导航；再往后就会禁止所有人开车听音乐，甚至聊天。将来，我们除了老老实实地坐在方向盘前看着眼前的路，什么都不能干。我们就会无聊犯困，导致事故频出。"

开车的时候是否应该禁止看手机？或许这项法律还有待斟酌，但是我们没理由做出上面这一连串耸人听闻的假设。这群民众认为禁止看手机会导致

一个大陡坡

后面一系列的禁令，甚至认为他们会因此频繁出现交通事故。这个说法中包含了未经证实的假设。这就是一个滑坡谬误。虽然阿拉伯人和骆驼的故事告诉我们，错误的事情要从一开始就坚决抵制，但是坦然接受滑坡谬误也是一个不可忽视的错误。

露营者A：_你能换件T恤吗？这件衣服你已经穿了一个星期了，味道好刺鼻！_

露营者B：_你这话什么意思？这件衣服我星期一穿的时候还好好的，星期二也没听你抱怨，到星期三也没问题，怎么现在突然就有问题了？_

穿着臭T恤的露营者认为，从星期一到星期二再到今天，他的衣服都没有任何变化。没错，被熏得头晕眼花的同伴无法确切说出衣服是从哪天开始变臭的，可是，这并不能否定衣服的酸臭味已经突破了嗅觉底线的事实。

这也是一种滑坡谬误。穿着臭T恤的露营者辩解说他的衣服日复一日穿在身上，没有任何变化。但真的是这样吗？我们不能因为一件T恤每天看起来都差不多就认为它永远都不会变臭。

在下面的例子中，你能发现哪种逻辑谬误？

1. 反对者：我们如果在这里建公园的话，就会有很多人来这里遛狗；用不了多久，这里就会满地狗屎，臭不可闻；结果就是谁都不想再来这里，整个公园白白荒废。

2. 朋友：是不是因为小牛队昨晚输了球，所以你今天情绪欠佳？

3. 因为少了一根马蹄钉，马掌丢了。

因为少了一个马掌，马倒下了。

因为马倒了，骑手折损了。

因为少了一名骑手，战斗失利了。

因为输了这场战斗，国家战败了。

而这一切都是因为少了一根马蹄钉。

——民间谚语

4. 你不能给我开超速罚单，我是市长！

5. 苏西：我可以去曼迪家玩一个小时吗？

妈妈：如果我答应你的话，你肯定会问能不能在她家过夜！

苏西：我能吗？

6. 克莱图斯：我真的存在吗？

扎克：哇！这可是一个深刻的问题。

克莱图斯：你可能从未想过要问自己这个问题。我认为我是真实存在的，因为我的

整个信念都建立在我真实存在的事实之上。

扎克：哇！你真渊博！

7. 一个在银行排队的人：为什么他能排在我前面？

银行工作人员：因为他是我亲戚，而你不是。

8. 太太：不要开空调！现在不过才35摄氏度而已。

先生：我已经汗如雨下了！

太太：30摄氏度的时候没听见你抱怨，34摄氏度时你也啥都没说，现在不过才35摄氏度，也没啥区别呀！

第19课

合成谬误

如果有人说“一个事物的局部如何如何，那么这个事物作为一个整体也必然如何如何”，他这话中就可能存在合成谬误。

案例

孩子：*妈妈，这个羽绒枕头怎么这么重？它里面只有羽毛，而羽毛不是很轻的吗？*

分析

对于小孩来说，他们可能很难理解为什么一个东西的组成部分很轻，整个东西却很重。成千上万根干草捆成一个草垛，它的重量也能超过一吨。

珍妮：*我做的这个巧克力蛋糕绝对好吃！我用了最好的原料：这里面有15斤的荷兰巧克力、256个蜜饯樱桃、65个新鲜的有机鸭蛋……*

珍妮认为，如果她用了最好的原料，做出来的蛋糕就一定好吃。问题是，她可能长这么大还从来没有做过蛋糕！蛋糕味道的好坏和原料的质量完全是两码事。

巴特：*你到底在做什么？你难道打算用曲别针建造一个自由女神像吗？*

贝丝：*你猜对了。我刚开始做，刚把大致结构搭好。*

巴特：*你这么做真是冒傻气——这东西肯定很难看，普普通通的曲别针哪能做成艺术品？*

巴特认为，曲别针是司空见惯的，所以任何用曲别针做出来的东西也一定平淡无奇。他就犯了合成谬误，他以为局部的特征就一定能代表整个事物的特征。

汉斯： *咱们这本逻辑书绝对完美！因为我们把每一页都检查过了，哪儿都没发现问题！这绝对是一本完美的逻辑书。*

纳撒尼尔： *我同意！万一读者发现了什么错误，那一定是打印机干的。*

一本书或许可以做到每一页都准确无误，但这并不能代表整本书中不存在其他错误。这本书的结构或许不合理，或是作者把一些概念给搞混了。不过我们已经想好了，如果这本书中出现任何错误，我们就赖打印机。

一、以下的论述中是否包含了合成谬误？

1.人人都说逻辑学家很善于组织自己的想法，那是不是就意味着如果逻辑学家召开一个学术大会，它一定是组织有序的？

是 □　　　　不是 □

2.这支球队的队员都是从全国最好的运动员中选拔出来的，他们在各自的位置上都是最好的选手，他们一定会大获全胜。

是 □　　　　不是 □

3.作家：我知道为什么我今天写不出来——外面天气阴沉，这让我感觉郁闷和缺乏创造力。

评论家：别这么想，人们总是能给自己没有完成任务找到各种借口。

作家：或许是因为我早上吃得太多了，结果我整个上午都感到疲倦。

是 □　　　　不是 □

4.富翁丈夫：亲爱的，我花费重金买到了最好的房子，购置了最精美的家具。我希望你快乐。

妻子：为什么餐厅的大理石地板往厨房倾斜？你看！餐桌滑过去了！拱形天花板上安的电源插座有什么用？我怎么够得着？为什么我一开大厅的电灯开关，所有的厕所就冲水？烟雾报警器为什么装在壁炉里面？

是 □　　　　不是 □

5.约翰尼：爸爸，这本逻辑书有一个错误。这里写着“整体到部分”，但它其实应该是“部分到整体”。如果连写书的逻辑学家都分不清这些逻辑谬误，那我压根儿就不应该学逻辑学，它可能就是一派胡言。

是 □　　　　不是 □

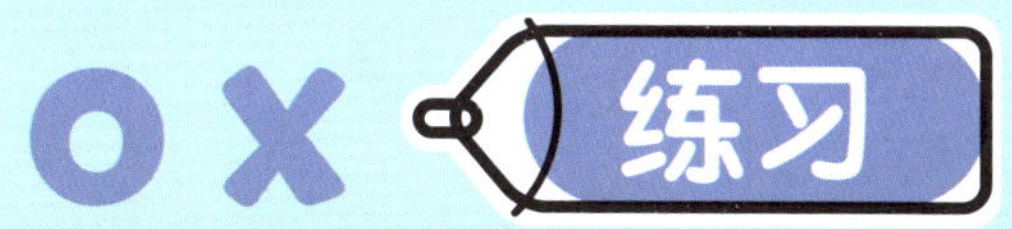

二、以下例子中是否存在逻辑谬误？如果有的话，请你指出是哪种逻辑谬误。

1.这么好吃的意大利面不再吃一盘简直就是犯罪！我可不想进监狱，所以我得再吃点儿。

2.我们都有义务帮助那些不幸的人，因为他们需要得到我们的帮助。

3.检察官：谋杀案发当晚你在做什么？

证人：嘿，有没有人说你长得特像一个男明星？

4.这本心理学书里说：父母在教育孩子时会伤害他们，所以养育孩子这件事不应该交给父母，而应该由政府来完成。这种观点我之前从来没听说过。我现在才知道，原来我是在伤害我的小宝宝。

5.甲：生命就是没有死亡，还是死亡就是没有生命？你觉得哪个更有道理？

乙：我不确定。我认为生与死并存在同一个精神平面，灵魂就在这个平面上来回移动。

甲：哇！这听起来很酷。

6.你怎么在汤里加这么多盐？你还不如把整个盐罐子扔进去！

第 20 课

分解谬误

如果有人说“一个事物的整体是如何如何的，那么它的每一个组成部分也必然如何如何”，他这话中就可能存在分解谬误。

案例

体育记者： *在今年的赛事中，灯塔队比历史上任何球队赢得的奖牌都多。因此，灯塔队的吉姆一定是一名极其出色的运动员。*

分析

一支球队整体表现优异，赢得了很多奖牌，并不意味着球队中的每个运动员都是出类拔萃的。他们中有些人可能个人战绩平平，但在团队配合中会起到关键作用。

分解谬误与合成谬误的确很容易搞混，因为它们实在太像了。

合成谬误

家庭野餐聚会开始前，小威说：“妈妈，我能把一条蚯蚓拉成两截，可我为什么拉不断这一把蚯蚓呢？”

分解谬误

家庭野餐聚会结束后，小威说：“为什么我把这一袋子玩具扔到池塘里，它一下子就沉底了呢？袋子里有一辆玩具车明明是可以浮在水上的啊！”

小威没搞清楚一条蚯蚓和一把蚯蚓是有极大区别的，他也没弄明白一袋玩具和其中某一件玩具存在明显的不同。

合成谬误

老师： *既然你们个个都能熟练使用电脑打字，那明天交上来一篇2 000字的作文应该不是什么难事。*

分解谬误

好奇的邻居： *孟弗太太，你这个巧克力蛋糕太好吃了。你在里面放了什么？*

孟弗太太： *哦，我放了一些面粉、一些巧克力、一些糖、一些黄油……*

好奇的邻居： *哇！我家有黄油！我等会儿就把那一大块黄油吃了。你的蛋糕这么好吃，单独吃一大块黄油应该也错不了。*

好奇的邻居认为，如果一个蛋糕很好吃，它里面的每种成分单独吃也会同样美味，比如一大块黄油。

区分合成谬误和分解谬误的一个办法是仔细看看结论。如果结论中对一个事物的总体下了定论，那它就是个合成谬误；如果结论仅仅阐述了对整体中某个组成部分的看法，那它就是分解谬误。

一、以下哪个是合成谬误，哪个是分解谬误？

1.一个笨手笨脚的人正在后院修车：我这辆车是英国汽车，所以它里面的每个零件肯定都是英国制造的。

合成谬误 □　　分解谬误 □　　两者都不是 □

2.店主：史密斯一家人工作都很努力，我毫不怀疑巴巴·史密斯会成为一名优秀的员工。

合成谬误 □　　分解谬误 □　　两者都不是 □

3.农民：这个农场的产量惊人，所以，山坡上的这块地肯定也很肥沃，我们的园子就选在这儿吧。

合成谬误 □　　分解谬误 □　　两者都不是 □

4.丢了斧头的樵夫：如果我继续在森林这边找斧头，我可能永远找不到我要找的东西。

合成谬误 □　　分解谬误 □　　两者都不是 □

5.报纸专栏作家：如果每个人都更加留意我们身边的危险，看到危险就去举报，那么我们在日常生活中就会变得更安全。

合成谬误 □　　分解谬误 □　　两者都不是 □

6.新闻报道：在过去的一百年里，伊卡比基的居民拆毁了王宫，还把拆下来的一些建筑材料带回了自己的家。他们之所以这样做，是因为他们想把自己的家装点得更优雅漂亮。这些被他们拿回家的木材、石头和铁栏杆代表了伊卡比基文明中最伟大的建筑成就。

合成谬误 □　　分解谬误 □　　两者都不是 □

7.一把绝望的小斧头正在寻找把它弄丢了的樵夫：如果我把手柄翘得更高一点，我的主人可能就会看到我了。哦！他往这边看了！

合成谬误 □　　分解谬误 □　　两者都不是 □

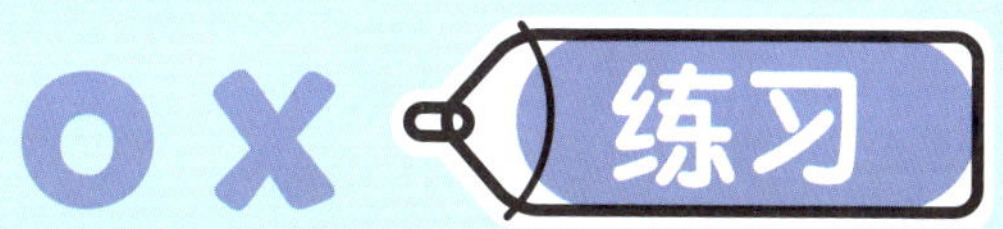

二、以下例子中有逻辑谬误吗？如果有的话，你能指出是哪种逻辑谬误吗？

1. 农夫对家人说：是谁把牧场大门打开，把所有的牛都放出来的？

2. 男人：众所周知，男人比女人更聪明——男人的头更大，因此大脑也更大。显然，大脑的大小与智力有关，因为有证据表明，大脑越大的人越聪明。

3. 商人：我认为投资这家高温合金镊子工厂是万无一失的，每个人都知道眼下经济正在蓬勃发展。

4. 这就是我之所以这么做的道理。既然你从来不讲道理，你肯定不会认真听我的意见。

5. 人人都打算去看新电影《炒勺的一天》。上映以来，它一直是最受欢迎的电影。看来这部电影一定情节好，演员强，水准高。

6. 科学家们发现了“蝴蝶效应”：一只蝴蝶在巴西雨林偶尔扇动几下翅膀，会使气流发生微小的变化，而这最终可能会引起美国得克萨斯州的一场龙卷风。

7. 儿子：我可以借你的车开去商店吗？

   父亲：如果我借给你的话，你每次来都会再跟我借车过周末！没门儿！

8. 家长：如果我们任由中央大学提高学费的话，用不了多久，我们孩子的学费就会提高到每学期5万美元！

第21课

非黑即白，非此即彼

如果有人坚称我们必须在两件事中做出抉择，而实际上我们拥有的选择远不止这两个，那他就犯了“非黑即白，非此即彼”的逻辑错误。

案例

小杰刚刚跨进学校的大门，就看见学生会主席莉莉兴冲冲地朝他走过来，明显有话要说。

莉莉： *嗨，小杰！你明天绝对不能错过我们学生会组织的超级激动人心的水枪大战！*

小杰： *哦，水枪大战？听起来挺有趣，不过——*

莉莉： *别“不过”了！你要是不参加，那你就成“超级宅男”了。*

小杰： *宅男？为什么？*

莉莉： *因为只有宅男才不来参加我们的水枪大战啊！你不来的话，以后谁都不爱跟你一起玩了，你就只能宅在家里！*

小杰： *除了水枪大战，我就不能玩点别的吗？明天下午我要排练舞台剧，不玩水枪，但也照样不宅。*

分析

在这种情况下，说话的人给出的选项之一往往荒谬绝伦，逼迫你不得不投靠另一个选项。一旦我们意识到我们的选项其实不止两个，这种谬误就会变得一目了然。

小约翰： 爸，要么你陪我一起学，要不我就不学了！

爸爸：你这话什么意思？

小约翰倒不是想向他爸爸证明什么，他或许就是想找个借口偷个懒。他故意设置了一个两难困境，却被爸爸提出的第三个选项游刃有余地化解掉了——

爸爸：还有一种可能，你要不就好好学习，要不就在家待一个月，哪儿都别想去。你自己挑吧。

这种非黑即白、非此即彼的说法很有误导性。

甲：水，一滴都没有了，我们的水壶。

乙：去河边，我们必须取水。

甲：绝对不会让我们通过，维格瓦姆村人。杀死任何路过的人，他们一定会。

乙：很多次了，我们已经讨论。

甲：攻击村子，我们必须。死路一条，如若不然！

乙：巨大的痛苦，这将带给我们的人民。

甲：但逻辑没有问题，我所言非虚。

乙：难道就没有别的选择吗？

甲：害怕了，你？

乙：我们能不能给他们几匹马作为交换，让我们安全通过？

甲：饥渴交迫，我现在。战斗，我们必须！

乙：咱们能不能正常说话？这种倒装句快把我逼疯了。

甲一心一意想打一架，而乙认为可能有其他解决办法。当一个人强烈地坚持某种观点时，他往往会对其他的方案视而不见。

但也有一些特殊情况，如果一位医生对一个忧心忡忡的女人说："你的丈夫要么能够挺过手术，要么挺不过去。"在这种情况下，"非此即彼"的说法不能算是一个逻辑谬误，因为眼下的确只有两种情况。

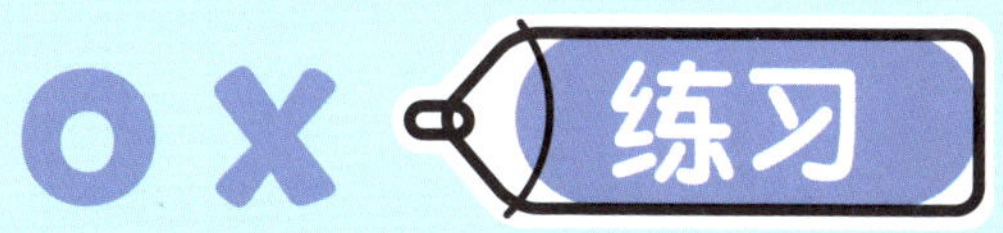

一、下面这些说法是否算“非黑即白，非此即彼”？

1. 一个种玉米的农民对另一个种玉米的农民说：没人能靠种玉米为生！要么就是雨水充足，玉米收成虽好，但价格却低，我们会赔钱；要么就是碰上大旱，玉米价格飞涨，然而我们颗粒无收。

算 □　　　　不算 □

2. 得知苏格拉底被判处死刑后，苏格拉底的妻子说：那些可恶的法官判你死刑是不公正的！

苏格拉底：你难道希望我被公正地判处死刑吗？

算 □　　　　不算 □

3. 匪徒对着劫持的马车喊道：女士们，把你们的贵重物品都扔出来，否则我就开枪了！

算 □　　　　不算 □

4. 母亲对孩子说：要么你现在就洗澡，要么你在玩完泥巴之后洗澡。

算 □　　　　不算 □

5. 哲学家：天才要么是天生的，要么是环境造就的。只要稍加留意，我们就会发现，世界上许多天才的生活环境并不尽如人意。倘若环境并非重要因素，我们只能得出一个结论：天才是天生的。

算 □　　　　不算 □

6. 教练对他的队员说：善良的人只能最后一个到达终点。

算 □　　　　不算 □

7. 花匠对学徒说：你要是不给这些花浇水，它们就会统统死掉。

算 □　　　　不算 □

8. 爸爸对肚子咕咕叫的孩子说：我可不是百万富翁。你打算吃点儿有米虫的米饭，还是吃块有鼻涕虫的饼干？不然你就只能饿着肚子上床睡觉了。

算 □　　不算 □

9. 着急的老奶奶：刚才可能下雨、下雪、下雨夹雪或下冰雹了，你看街道上有水。不可能是雪或雨夹雪，因为现在是7月，也不可能是冰雹，因为我没有听到冰雹的动静。所以肯定是下雨了。

算 □　　不算 □

10. 妈妈对爸爸说：我们必须得教孩子们学会逻辑学！如果你不教他们点儿逻辑，他们就不会思考，最终流浪街头。你难道不关心自己的孩子们吗？

算 □　　不算 □

二、以下句子中有逻辑谬误吗？如果有的话，你能指出是哪种逻辑谬误吗？

1. 我知道为什么这么久以来我一直心情不好了，是因为我的心态一直不是最佳状态。

2. 毕加索的画作一定很美，因为它们这么有名！

3. 和朋友互相交换有版权的音乐文件不存在任何侵权问题，你们还能省下不少钱。这本关于家庭装修的书里是这么说的。

4. 爸爸：我想知道是谁拿走了指甲刀，把它藏在了沙发下面。

第四章 CHAPTER

统计谬误

第 22 课

什么是概括？

概括也叫归纳。概括的意思是，我们对一群人或一些事物发表的整体的看法。我们都会对事物进行概括。

案例

没有哪个推销员真正关心自己的客户，不管嘴上说得多好听，他们其实只是想要你的钱。

分析

我们之所以这么说，或许是因为我们遇到过许多推销员，或者从朋友那里听说过类似的推销员，也可能因为自己就当过推销员。要得出这个结论，我们并不需要去认识每一个推销员。类似这样的概括我们每天都在做，而且它们往往很有用。(你看，最后这句话就是一个概括。)

我们还经常会对别人的行为做出预测，有时候我们的预测还挺准确。

你正在和珍妮、伯特一起玩“线索”游戏。轮到伯特了，他放下手里的牌，嘴角似笑非笑，开始漫不经心地研究起天花板。他这副样子你并不陌生，这意味着他已经知道谜底了，胜券在握。果然，最后他赢了。

你之所以能预测出他要赢，是因为你做了概括总结。你发现之前他每次快赢的时候都会做某个特别的动作，于是你判断他每次快赢的时候都会做这个动作，这就是概括。

概括中的要素

一提到概括，就离不开从总体（也叫整体）中提取的样本。

总体指的是具有某些共同特征的一群人或一组事物。

比如下面这些，就是各种各样的总体：

(1) 所有推销员

(2) 所有二手车推销员

(3) 所有软糖

(4) 伯特赢得的所有游戏

当你对总体中的一个或多个事物进行观察分析的时候，你就是从总体中抽取了一个样本。

比如，我们可以去观察和分析下面这些：

（1）一名推销员

（2）两名二手车销售员

（3）盘子里的软糖

（4）伯特获胜的最后四场游戏

上面这些都是他们各自对应的总体中的样本。

做概括的时候，我们需要从总体中抽取一个样本，通过总结分析这个样本的某些特征，以推断出关于总体的一些情况。

如果我们对上面的例子进行概括总结，我们可能会得出这样的结论：

（1）所有的推销员都很有钱

（2）大多数二手车销售员都很会营销

（3）22%的软糖是红色的

（4）每次伯特快赢了的时候，他都会用同样的方式抬头看天花板

通过提取样本来做概括总结，这件事可没有想象的那么容易。如果我们操作不当的话，就会弄巧成拙，搞不好就成了以偏概全。我们会在后面讨论以偏概全。

概括的可信度有高有低

1. 人们做出的概括多种多样，它们只有强弱之别，没有绝对的对错之分。

小结

学会概括很有用。这样一来，我们无须去研究总体中的每个个体，也照样可以推断出总体的情况。

伯特想知道全国有多少图书管理员喜欢看书，但要把全国每个图书管理员都调查一遍是不可能的，因此伯特决定从遍布全国的20万名图书管理员中抽取一个2 000人的样本，对这个样本进行研究、归纳和概括。他发现，接受他调查的2 000名图书管理员中每人每个月都会看至少一本书。于是，他得出一个结论：所有的图书管理员无一例外都喜欢看书。

或许伯特自己对这个研究结果甚为满意。而实际上，除非伯特一个不落地把所有图书管理员都调查一遍，否则他永远无法百分之百确定他的结论准确。没准儿哪天他就会碰上一个从不看书的图书管理员——这个可能性总是存在的，到时候他就不得不把他的结论修改成：大多数的图书管理员都喜欢看书。

这就是为什么我们不以对错来评价一个概括。对于概括来说，它只有可

信度高低之分，一个可信度高的概括更有可能是准确的。

2. 做概括的时候，我们研究的是总体中抽取的一个样本，而不是总体中每一个单独的个体。

如果伯特调查了每一个图书管理员（这里的总体是“全国所有的图书管理员”），发现他们每个人都喜欢看书，那么当他说“所有的图书管理员都喜欢看书”时，他就并非在做概括，而仅仅是在陈述一种他所了解到的真实情况。

3. 一旦出现一个反例，我们就需要调整甚至推翻原来的概括。

伯特调查了他的图书管理员样本，发现其中的每个人都喜欢看书，于是他把结论概括为“每一个图书管理员都喜欢看书”。但是，如果他后来碰上哪怕仅仅一个不爱看书的图书管理员，他也必须修改他的结论“所有的图书管理员都喜欢看书——除了我刚刚碰到的那位”，更好的一种说法或许是“几乎所有的图书管理员都喜欢看书”。

4. 样本越大，越有代表性，概括的可信度就越高。

一个好的概括离不开一个足够大的样本，它能涵盖总体中各种各样的情况。我们后面还会就这个话题继续讨论。

假设以下都是实话，请你判断一下，这些话中是否使用了概括。

1. 上周一我和老板谈话时，他冲我大吼大叫；乔西休假回来跟老板谈话时，老板冲她大吼大叫；昨天晚上，雷金纳德和老板谈话时，老板冲雷金纳德大喊大叫。这个结论就是：老板总是冲谈话对象大喊大叫。

是概括 ☐　　*不是概括* ☐

2. 我养过四只德国牧羊犬，它们都很凶猛。所有德国牧羊犬都很凶猛。

是概括 ☐　　*不是概括* ☐

3. 我见过的每只德国牧羊犬都很善良和温柔。我认为德国牧羊犬都是善良和温柔的。

是概括 ☐　　*不是概括* ☐

4. 所有的狗身上都有跳蚤。我刚刚挨个儿检查完地球上的每一只狗，它们身上都有跳蚤。

是概括 ☐　　*不是概括* ☐

5. 现在的人活得更久，生活更幸福。超过 760 名老年人参与了有关健康、财务状况和总体幸福感的问卷调查。调查发现，大约 86% 的老年人认为自己比父母更长寿，更幸福。一位 76 岁的老人说："我的父母一直在农场过着非常艰苦的生活，即便步入老年也是如此，而我现在过得很轻松。"

是概括 ☐　　*不是概括* ☐

6. 研究表明，女性的平均收入低于男性的平均收入。

是概括 ☐　　*不是概括* ☐

7. 抓住小偷的最好方法是学会像小偷一样思考。

是概括 ☐　　*不是概括* ☐

第23课

以偏概全

以偏概全的意思是，人们仅仅根据很小的没有代表性的样本就对总体做出了某种片面的概括。以偏概全，也叫草率归纳，是常见的逻辑谬误之一。

案例

我们总在买东西，也经常会对买过的东西的品牌质量进行概括。

在偏远的农村，卡车是农民的主要交通工具。此外，每家都要弄几辆备用卡车放在家门口充门面。人人都有自己情有独钟的卡车品牌，有些农民喜欢福来特，另外一些农民专买雪菲兰，还有很少一部分人钟情道奇。每个人都觉得自己买的那个牌子的卡车是最好的。

分析

他们为什么会对自己的选择深信不疑呢?

农民麦克唐纳会说：“我曾经开过一辆福来特，那车简直就是一堆垃圾，所以现在我只开雪菲兰。”

农民麦克唐纳的经验仅仅来自一辆福来特车，这是一个单一样本。这个样本能否让他对所有的福来特卡车做出评价呢？如果你再追问几句的话，麦克唐纳就会实话实说：他那辆倒霉的福来特已经开了15年了，而且他当年买的还是辆二手车；而他后来买的雪菲兰都是崭新的车，每辆车开了没几年就转手卖掉了。你看，他的福来特卡车的样本可能不具有代表性。

住在不远处的农民布朗也有类似的经历：“我只买福来特卡车。我开过雪菲兰，那车真是一堆废铁。”不用说，农民布朗曾经开过的那辆雪菲兰也是一辆叮咣乱响的二手车。

麦克唐纳和布朗或许说得没错，他们曾经开过的那辆旧车的确不怎么样。但是，要想对这两个牌子的卡车质量进行概括，只开过一辆车是不够的。他们的概括就犯了以偏概全的错误，他俩都需要再多开几辆车才能得出“这个牌子的卡车烂透了”的结论。

以偏概全的几种情况

1. 样本太小

如果样本数量不够多，它就很可能无法充分代表总体。

统计学告诉我们，抛硬币时，硬币正面或者反面朝上的概率相同，约为50%。然而，这并不意味着如果我们抛四次硬币，就一定会看到两次正面和两次反面。即使我们抛上十几次，我们看到正面和反面的次数也有可能不一样。要想看到正反次数基本一样多，我们就需要抛很多很多次，比如成百上千次，但即便如此，最后的结果也可能会有一点小偏差。

很明显，在麦克唐纳和布朗做出的概括中，他们的样本数量都少得可怜，他们曾经开过的那辆卡车可能碰巧质量不好，或者它原本就是一辆破破烂烂的二手车。

2. 样本不具有代表性

有些时候，我们拿来做概括的样本虽然数量够大，却不足以代表整个总体。

如果我们想了解意大利人的饮食习惯，研究一下住在我们镇上的意大利人吃什么当然是个又省时又省力的办法。然而，世界上有各种各样的意大利人：住在美国的，住在意大利的，还有一些是正在节食的……

住在我们镇上的意大利人可能和别处的意大利人吃的不太一样。如果只研究他们的话，你或许会得出一个结论：意大利人只吃意大利面。而实际上，只有我们镇上的意大利人才那么干，其他地方的意大利人还爱吃比萨和小馄饨。

麦克唐纳和布朗的旧卡车也不是它们各自品牌的典型代表，不同的卡车存在不同的磨损情况。他们的卡车又老又旧，一身毛病，他们都需要再多看几辆同一品牌不同车况的卡车。

一、在下面的练习中，我们假设说话的人说的都是实话。请你回答这些问题：

a.它是一个概括吗？
b.如果是的话，被抽取的样本有多大？
c.你认为这个概括是有说服力的还是草率片面的？为什么？

1.所有的水管工都很聪明。我认识一个水管工，他可以把圆周率背到第289954位。

是概括 □　　　　不是概括 □

2.所有的水管工工资都很高。我刚参加了国际水管工大会，在那里调查了3000名水管工，他们的年薪都超过10万美元。

是概括 □　　　　不是概括 □

3.我妈妈是个非常棒的老师。每当她向我解释一件事的时候，我都能听明白。

是概括 □　　　　不是概括 □

4.有些水管工很聪明。我是一名水管工，我知道我很聪明。

是概括 □　　　　不是概括 □

5.我觉得查尔斯·狄更斯[①]写的所有东西都很无聊。我读过他全部的小说，我都看睡着了。

是概括 □　　　　不是概括 □

①查尔斯·狄更斯（Charles Dickens，1812—1870），英国作家，著有多部小说、游记，并创办杂志。代表作有《大卫·科波菲尔》《雾都孤儿》《远大前程》等。

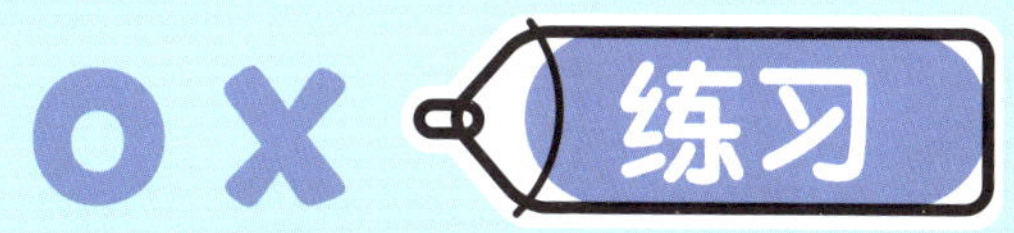

6. 卡尔头痛的时候服用了阿司匹林，但几分钟后，他觉得胃不舒服。之后再头痛时，他换了其他的止痛药，结果胃就没事。后来他再用阿司匹林的时候，还是会觉得胃不舒服。卡尔总结：只要服用阿司匹林，自己就会胃部不适。

是概括 ☐　　　　*不是概括* ☐

7. 一个桶里有10万颗不同颜色的水果软糖。把它们搅拌均匀后，我们从中取出了5 000颗，其中，500颗是黑色的。因此，桶里面的软糖有10%是黑色的。

是概括 ☐　　　　*不是概括* ☐

8. 南方人说话很快。我刚刚和一个南方人通了电话，他说话可真快。

是概括 ☐　　　　*不是概括* ☐

二、请你评估以下这些结论。根据你对该话题的了解，请你判断以下结论是否可信。如果你对这个话题不太了解，那么在做决定之前，请你想想你需要了解哪些信息。你可以参考下面这个例子。

结论：大多数麦乐家的汉堡包卖到顾客手里的时候已经被压扁了。

回答示例1：我觉得这可能是真的。我去过全国各地的麦乐家餐厅，他们卖的汉堡包总是扁的。

回答示例2：我对这件事不太了解，我需要去看看全国各地的麦乐家汉堡包，然后才能确定这个结论是否属实。

1. XX（请选一个你认识的人）似乎总是假装很开心。

很可能是真的 ☐　　　　*很可能是假的* ☐

2. 理发师往往很健谈。

很可能是真的 □ 很可能是假的 □

3. 家里的第一个孩子总是很任性，容易被宠坏。

很可能是真的 □ 很可能是假的 □

4. 我的打字速度低于平均水平。

很可能是真的 □ 很可能是假的 □

5. 几乎所有住在这条河南边的人说话都很拖沓。

很可能是真的 □ 很可能是假的 □

三、请你在报纸或电视上找到一个以偏概全的例子。你可以留意一下那些宽泛的结论（“全部”“总是”“大多数”“许多”），看看有没有证据可以支持这些结论。

第 24 课

什么是类比？

当比较两个事物的时候，我们常常会使用类比。

案例

伯特： *我爸爸刚买了一辆新车，是福来特牌的。*

克莱德： *哦，是吗？我爸爸几个月前也买了一辆福来特。你们的发动机有多大？*

伯特： *V8 发动机。*

克莱德： *我们的也是 V8 发动机。你们的车是什么颜色？*

伯特： *蓝色。*

克莱德： *我们的也是。嘿，咱们两家的车很像啊！我们的车加速很快，你们的怎么样？*

伯特： *我还不知道，不过咱们的车既然是一个牌子的话，估计我们的车加速也慢不了。*

分析

伯特就是通过类比做出了一个推理。

当比较两个或多个事物的时候，我们经常通过做类比来思考问题。我们注意到这些事物存在某些相似之处，于是得出它们在其他方面也可能相同的结论。

使用得当的话，我们可以利用类比做出很多有用的推论。

史密斯先生： *很早之前，我们去琼斯家吃晚饭，吃的是三文鱼，结果我们回*

家都闹肚子了。后来，再去他们家，吃的也是三文鱼，我们的肚子也是一晚上都不舒服。现在，琼斯一家又邀请我们去吃饭，而且还是要吃三文鱼，我打赌我们还会闹肚子。

在这个类比中，史密斯先生把这次聚餐与之前两次去琼斯家吃饭的经历进行了比较。

第一次：去琼斯家吃饭，吃了三文鱼，结果闹肚子了。

第二次：去琼斯家吃饭，吃了三文鱼，结果闹肚子了。

这次：即将去琼斯家吃饭，将要吃三文鱼……

史密斯先生看到了某种规律，他的脑海中补上了“闹肚子”的结果。

我们无法知道伯特家的新车是否真的加速很快，除非我们亲自去开一开。我们也无法确定史密斯先生会不会闹肚子，除非我们等到那天晚餐结束。因此，我们无法用对与错来评价一个类比，我们只能说一个类比是强还是弱。一个强有力的类比会更符合实际情况。

同时，在评估一个类比时，我们不能只考虑两个事物的相同之处，还必须考虑它们的不同之处。伯特爸爸的车和克莱德爸爸的车有什么不同？也许伯特家的是一辆大型皮卡，而克莱德家的是一辆小巧的跑车。这些差异会直接影响一个类比的强弱。两个事物之间可以有很多相似之处，也可以有很多显著不同。

文学中的类比

我们在这里讨论的主要是科学和逻辑学意义上的类比，也就是人们在论

伯特和珍妮认为，同为福来特车的粉丝意味着他俩会很像。

证中用到的类比，但其他类型的类比也同样存在。

文学家有时候会用类比来说明自己的观点——

恰当的词和几乎恰当的词之间的区别就好比是闪电和萤火虫之间的区别。

——马克·吐温

在这里，马克·吐温把“恰当的词”和“几乎恰当的词”之间的区别比喻为“闪电”和“萤火虫”之间的区别。他故意用夸张的方式来突出自己的观点。相比那些科学和逻辑学中使用的类比，文学中的类比不必力求精确，它们主要是用来形象地说明一个观点。

类比和概括之间的区别

你现在是不是在琢磨“类比”和“概括”之间有什么区别？

这是一个概括

山溪大学和谷丘大学都是综合性大学，它们都位于民风保守的地区，都是你理想中的大学。因此，所有位于民风保守地区的综合性大学都会是你理想中的大学。

当我们做**概括**时，我们会提取一个**样本**，然后我们会对该样本所在的总体做出某种结论。比如：

1. 民风保守地区的综合性大学都很不错。
2. 所有配备V8发动机的蓝色福来特车加速都很快。
3. 大部分的生三文鱼肉饼都含有大肠杆菌。

这是一个类比

山溪大学是一所综合性大学，谷丘大学也是一所综合性大学。山溪大学位于一个民风保守的小镇，谷丘大学也位于一个民风保守的小镇。山溪大学是你想就读的那种大学，因此谷丘大学也会是你想就读的那种大学。

当我们进行**类比**时，我们会将两个事物进行**比较**，然后我们会根据一个事物的已知信息得出关于另一个事物的某种结论。比如：

1. 谷丘大学会很好，因为山溪大学就很好。
2. 伯特家的车加速会很快，因为克莱德家的车就是这样。
3. 史密斯先生今晚会闹肚子，因为他之前都闹肚子了。

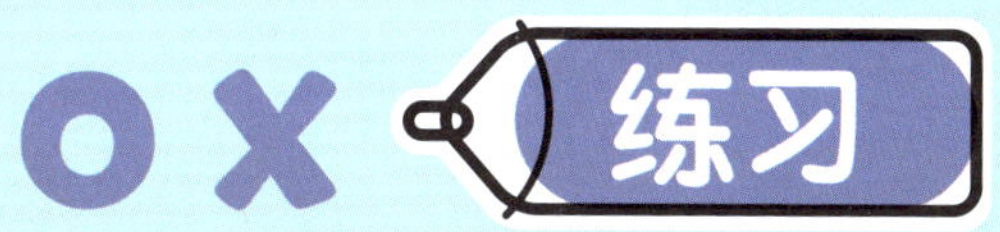

一、下面这些例子是类比、概括还是两者都不是？

1. 柯特和伯特都是红头发，他们俩都有雀斑，都住在幸福街。柯特的脾气很坏，这么看来，伯特一定也是暴脾气。

类比 □　　概括 □　　两者都不是 □

2. 我的表妹是红头发，她脾气很差。我的表哥也是红头发，他脾气差极了。我是红头发，脾气非常差。每个红头发的人脾气都很差。

类比 □　　概括 □　　两者都不是 □

3. 我的表妹是红头发，她脾气很差。我的表哥也是红头发，他脾气差极了。我是红头发，脾气非常差。杂货店店员有一头红发，他脾气一定不怎么样。

类比 □　　概括 □　　两者都不是 □

4. 珍妮：黑猩猩的脑容量比海豚和渡渡鸟的都要大，海豚是很聪明的，所以，我觉得你很笨，因为你长得像一只金丝猴。

类比 □　　概括 □　　两者都不是 □

5. 假设你调查了世界各地的 400 名工程师，其中 300 名都在衬衫口袋里插了至少 8 支钢笔。因此，你得出一个结论，75% 的工程师都会在衬衫口袋里插 8 支钢笔。

类比 □　　概括 □　　两者都不是 □

二、请你把下面这个类比变成概括。

上次下雨之后，花都开了。再上一次下雨之后，花开了。所以下次下雨之后，花也会开。

第 25 课

弱类比谬误

我们该如何判断一个类比是强还是弱呢?

1. 如果被比较的两个事物之间的相似性是主要的，而差异性是次要的，这就是一个强类比。

如果你是一位崭露头角的科学家，打算写一篇论文来讨论威化饼干对健康的长期影响。你设计了一个实验：让参与者每天吃34块威化饼干，吃上一年，然后看这个行为对身体有什么影响。但糟糕的是，没人乐意参与这种实验，吃这么多威化饼干。

无奈之下，你只好在动物身上做实验，希望能取得跟人体实验近似的实验结果，于是你选中了红毛猩猩。红毛猩猩和人有很多相似之处，至少就基本解剖学而言。（实际上，我们被告知事实并非如此。就让我们暂且这么假设吧，这样我们就不必费力再去找另外的例子了）红毛猩猩和我们的个头儿差不多大，并且有大致相同的消化系统——这些相似之处对我们的实验来说很重要。当然啦，红毛猩猩和人类之间也存在一些差异：红毛猩猩比人类毛发更多，鼻子更短，另外人类通常不会把手指头放进汤碗里涮着玩儿。

但是，对于我们的实验来说，这些差异似乎是次要的，而红毛猩猩和人类之间的相似之处更为关键。换句话说，如果你喂毛毛虫吃上一年威化饼干，实验结果肯定跟人的差距更大。

2. 如果被比较的事物之间的差异是主要的，而相似之处是次要的，那么我们称这种类比为弱类比。

让我们再来看看克莱德家和伯特家的新车，假设他们的谈话是这样的：

克莱德： *我家的新车是一辆蓝色的福来特汽车，它有一个超大油箱、五个杯架和一个大天窗。它肯定加速超快！*

伯特： *嘿！这些东西我家的车全都有，我敢打赌我家的车加速也超快。*

克莱德家和伯特家的新车确实有很多相似之处，但是，颜色、油箱大小和杯架数目与汽车加速快慢关系不大，这些相似之处都无关紧要。如果我们发现这两款车在加速方面存在某些差异——比如克莱德家的车有一个大马力的发动机，而且是专为跑车设计的，而伯特家的车只有一个小发动机，是专为节能车设计的——我们就会说这种差异很关键。

3. 所谓的弱类比谬误，指的是某些事物之间仅仅存在着一些无关紧要的相似之处，而人们却认为它们在其他方面也必然相似。

有时候，人们想出来的类比简直不可理喻。

克莱德： *我认为重点学校的老师可以开除不听话的学生。*

珍妮： *这想法太可怕了！*

克莱德： *嘿，如果你想烙个鸡蛋饼，你就必须打破几个鸡蛋。*

克莱德的话很可笑，开除学生和打破鸡蛋的相似之处小到不值一提。

一、你会在下面看到一些类比，以及一些补充信息。请你判断一下，这些信息是加强了还是削弱了这个类比，或者跟这个类比完全无关。

类比：我前面三双登山鞋都是在威尔逊鞋店买的，每双鞋都穿了很多年。我刚在威尔逊鞋店又买了一双登山鞋，我觉得这双鞋也能穿很久。

1.之前三双登山鞋和你刚购买的这双不是同一个品牌。

加强 ☐ 削弱 ☐ 完全无关 ☐

2.威尔逊鞋店最近刚被一家大公司收购了。

加强 ☐ 削弱 ☐ 完全无关 ☐

3.之前三双登山鞋和你刚购买的这双都是同一个品牌。

加强 ☐ 削弱 ☐ 完全无关 ☐

4.你刚养了一只喜欢啃鞋子的小狗。

加强 ☐ 削弱 ☐ 完全无关 ☐

5.你感冒了，晕晕乎乎的，你走进一家鞋店，误以为它就是威尔逊鞋店。

加强 ☐ 削弱 ☐ 完全无关 ☐

类比：在过去的十年里，你养过三只狗，都是德国牧羊犬。它们都很听话，你非常喜欢它们。现在你又养了一只德国牧羊犬幼崽，你认为它也会是一只很听话的狗。

6.前三只狗是雌性，而这只也是雌性。

加强 ☐ 削弱 ☐ 完全无关 ☐

7.前三只狗是雌性，而这只是雄性。

加强 ☐ 削弱 ☐ 完全无关 ☐

8.前三只狗和这只新狗是在不同的狗舍购买的。

加强 ☐ 削弱 ☐ 完全无关 ☐

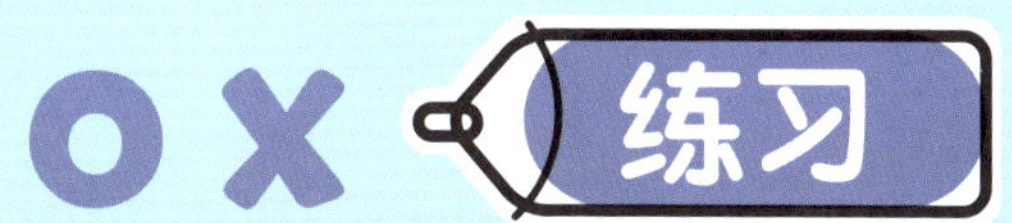

9. 前三只狗都在三岁之前就死了。

加强 □　　削弱 □　　完全无关 □

10. 养前三只狗的时候，你还是很小的小孩。

加强 □　　削弱 □　　完全无关 □

11. 你的阿姨玛莎喜欢猫多于喜欢狗。

加强 □　　削弱 □　　完全无关 □

12. 你不喜欢小型犬。

加强 □　　削弱 □　　完全无关 □

13. 这只新狗被训练为攻击犬，而其他三只都不是。

加强 □　　削弱 □　　完全无关 □

二、在你看来，下面这些类比是强还是弱呢？

1. 这两个城市差不多大。它们都位于中西部，靠近一个大湖。我知道城市A的犯罪问题很严重，所以城市B的犯罪问题肯定也很严重。

强 □　　弱 □

2. 多听摇滚乐不好。我听说他们拿奶牛做了个实验。他们让两头奶牛听音乐，一头听的是莫扎特，另一头听的是重金属摇滚乐。听莫扎特的那头牛表现得心满意足，生产出的牛奶更多；而听重金属摇滚乐的那头牛食量变大，脾气见长，还打翻了牛奶桶。

强 □　　弱 □

3.《大卫·科波菲尔》是查尔斯·狄更斯的小说，讲的是英国的故事，我不爱看。《雾都孤儿》是查尔斯·狄更斯的小说，讲的是英国的故事，我也不爱看。《远大前程》是查尔斯·狄更斯的小说，讲的还是英国的故事，我觉得我不会爱看。

强 □　　弱 □

第 26 课

后此谬误

后此谬误来自一个拉丁语短语“Post hoc ergo propter hoc”，意思是“在此之后，因此之故”。后此谬误往往认为：因为A发生在B之前，B发生在A之后，所以A一定是造成B的原因。

案例

假设你住在北方，现在正是1月中旬。像往常一样，此时的气温是零下30摄氏度，还有将近两米厚的积雪。你最讨厌寒冷的天气，巴望着能暖和点，于是你打开电视看天气预报。天气预报员说：“明天的气温将大幅上升到1摄氏度。”第二天，气温果然上升了，甚至连积雪最上面那层都开始融化了。

“哇，”你由衷赞叹道，“那个天气预报员还真是了不起，他说气温会升高，气温果然就升高了。这一定是天气预报员的功劳。”你立刻打电话给电视台，恳请天气预报员让下周的天气保持晴朗，最高气温控制在25摄氏度左右，最低气温别低于22摄氏度。

分析

看到没？你已经犯了后此谬误。你看到天气预报员说天气变暖在前，气温上升在后，就认为一定是天气预报员使气温上升的。

三个月前，我们学校什么都很好——师生关系融洽，竞赛成绩突出，校园建设进展顺利。然后我们迎来了一位新校长。他一来，一切都在走下坡路——数位老师辞职，学术成绩下滑，校园设施故障频发……很明显，这一切问题都是新校长造成的，他一上任，校园的情况就急转直下。

新校长一上任，学校就出现了一系列负面情况，但这并不意味着新校长就是造成这一切的原因。这是一种常见的逻辑谬误。当一些事情发生时——这些事情有好事，也有坏事——我们总是想看看在此之前发生了什么，企图从那里寻找原因。然而，在此之前发生的事情往往并非真正的原因。

如果我们绊了一跤，扭伤了脚踝，我们总免不了会想起那天发生的所有倒霉事——看到了一只乌鸦从梯子下走过，或是在屋子里打开了雨伞。[①]我们会迷信并得出结论：就是这些事情导致自己受伤，因为它们都发生在扭伤脚踝之前。

爸爸：*我觉得你买的这把电吉他对你的影响很不好。*

儿子：*为什么？*

爸爸：*自从你买了它，你就开始留长头发，天天游手好闲。还有，你对我和你妈说话更不尊重了，家务活干得也不如从前多。*

爸爸也犯了后此谬误。由于儿子在不良行为开始前买了电吉他，爸爸就认为是电吉他导致了不良行为。当然啦，电吉他有可能是导致不良行为的原因，但也有可能有其他原因，比如是儿子对自己放松了要求，才导致了懒散。

有些时候，“在此之后，因此之故”是正确的。当一个鸡蛋在水泥地上摔碎了，我们就不妨去看看在那之前发生了什么——原来是你把鸡蛋弄掉了。这的确就是造成鸡蛋摔碎的原因。但是，A发生在B之前，并不一定意味着A导致了B，我们还需要更多的信息才能做出这个判断。

①这些现象都被西方人认为是不祥的征兆。

一、下面是一些关于后此谬误的例子。你能不能想到造成下面事件的其他原因？请注意，有些原因很容易被忽略。

1.我一直在研究战争史。资料显示，在很多战争之前，参战国都建立了庞大的军队。因此，我认为建立一支庞大的军队会导致战争。

2.这双鞋是我最宝贝的鞋，它们能帮我考试过关。我之前三次考试都穿这双鞋，我都考过了。

二、请你看看以下的例子中是否存在逻辑谬误，如果存在，请指出是哪种谬误。

1.昨天我正在粉刷房间。我站在梯子上，忽然发现我需要把梯子挪个地方。于是，我爬下来，突然被梯子底下的一只黑猫（被认为不吉利）绊倒了，摔了一跤，砸碎了我准备安装的镜子。现在你懂了吧，这就是为什么我的两条腿都骨折了，房子还被银行没收了。

2.妻子：我头疼。我觉得是这些药引起的。

丈夫：跟这些药有什么关系呢？

妻子：因为药瓶子上写着“可能会引起头痛”。

3.云的90%是水，西瓜的90%是水，所以，飞机能穿越云层，也能穿越西瓜。

4.珍妮：吃肉不利于健康，你不应该吃肉，它会在你的胃里腐烂变质。

伯特：你怎么知道的？

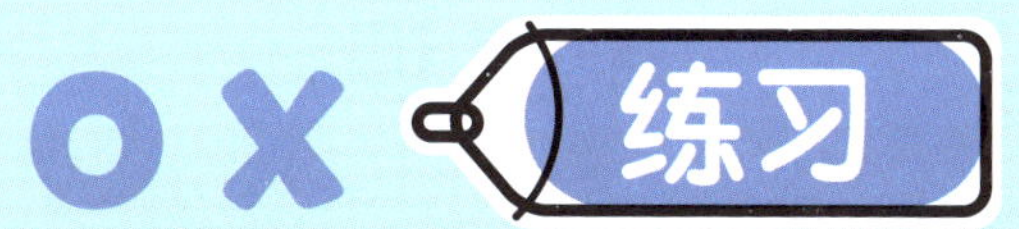

珍妮：嗯，肉消化起来至少需要24小时。你干吗不拿一块肉放在外面24小时，然后闻闻它气味如何？恶心极了！

5. 农夫麦克唐纳：自从他们在河对岸建了那个新发电厂，我们这里就再没有下过一点雨。我告诉你，人类想要操控大自然，这纯粹是狂妄自大。

6. 拉里是一个善良、温柔的人，他说话总是轻声细语的，对妻子很好。有一天，他的妻子买了巧克力酱。很快，拉里就表现出易怒暴躁的迹象——说话粗声大气，对邻居粗鲁无礼。拉里的妻子注意到了这两件事情的关系，赶紧把家里所有的巧克力酱都扔了。

7. 如果你觉得我们这个小镇太安逸、单调，为什么不去犯罪坐牢？我敢打赌，你会在监狱里遇见形形色色的人。

8. 妈妈：你一定要把壁炉上的烛台摆对称吗？这是强迫症！

女儿：我只是把它们摆成一条直线。

妈妈：你接下来就会埋怨别人踩了地毯，留下了个把脚印。

女儿：我才不会呢。

妈妈：然后你会每隔几分钟就要洗手，最后死活不肯碰门把手。

第27课

统计学中的后此谬误

案例

下面这番话我们一定都听说过：

年轻人，你长大以后想多挣钱，对不对？那样的话，你就要去上最好的大学。数据表明，你上的大学越好，你以后赚的钱就越多。

分析

说话的人是在全心全意地替你的未来着想，他认为上一所好大学能让你将来赚更多钱。在他看来，他这番话是建立在科学的数据之上，而且也确实如此。唯一的问题是，他对数据的理解出了问题。

说话的人可能看到过类似下面这样的研究——

一所著名的大学（我们就管它叫巨石大学吧）追踪了毕业20年以上的毕业生并对他们进行了问卷调查，看看他们做何种工作，赚多少钱，等等。调查结果显示：巨石大学毕业生的平均年薪为75 000美元，并拥有一套豪华公寓。与其他不太知名的大学相比，巨石大学的毕业生确实赚得更多。

你可能会说："这个数字是不容置疑的。"

很多人听后可能会认为，上巨石大学会让人更有钱！

不对！这里我们就要说说后此谬误。即使巨石大学毕业生在毕业后赚了更多的钱，这也不意味着他们是因为上了巨石大学才赚到更多的钱。换句话说，就算你上了巨石大学，你也不见得一定会很有钱。

"那你怎么解释这些板上钉钉的事实呢？如果不是因为他们上了巨石大学，他们为什么能赚更多的钱呢？"有人会问。

确实，拥有巨石大学的文凭可能会让你轻松找到一份高薪工作。但是，我们不难想象，一个人要想进入这所大学，不仅需要天资聪颖，还要勤奋努力。所以，巨石大学毕业生之所以更有钱，不是因为他们上了这所大学，而更可能是因为他们自身既聪明又有上进心。

值得一提的是，在后此谬误中，两件事有时候不一定非要前后脚发生，它们有时候也可能是同时发生的。有人可能会说“A和B总是一起发生”或“它们其中一个必然是造成另一个的原因”，这两种说法也属于后此谬误。

新英格兰调音师协会最近的一项研究发现：爱听古典音乐的人和爱听流行音乐的人在考试成绩上存在很大差异；在标准化测试中，每天至少听15分钟古典音乐的人比听流行音乐的人分数高很多，而那些爱听乡村音乐的人得分最低。研究报告中说这些结果会对我们的日常生活产生深远的影响。看起来音乐的影响比我们想象的要大得多。

这里顺理成章的结论就是：如果你想在考试中得高分，就赶紧开始听古典音乐，而流行音乐和乡村音乐会让你变笨。爱听古典音乐和考出好成绩这两件事一起发生，那一定是听古典音乐造成了好成绩吗？我们都是宁可信其有，况且它听上去也挺合乎逻辑。但有没有可能是我们搞反了？考试成绩好的人可能更有时间培养自己的音乐爱好，对音乐往往有更好的品味，因此更爱听古典音乐。

不刷牙会引发更多犯罪？最近的一项研究分析了过去50年的数据，显示出牙刷销量与犯罪率之间的关系：每当美国的牙刷销量下降时，犯罪率就会攀升；当牙刷的销量上升时，犯罪率就会下降。“这太让人震惊了！”牙刷

公司的总裁说，“我们一直建议人们刷牙，却从未想过它如此重要。”

人们有时候会在风马牛不相及的事物之间建立起一些荒诞的联系。在上面的例子中，人们忽视了一种可能性，这两件事情没准儿是同一个原因造成的。当经济不景气的时候，人们没有足够的钱购买新牙刷。同样，当经济不景气的时候，犯罪率也会更高，因为人们收入普遍降低，甚至入不敷出，有的人就会为了生存铤而走险。

这说明我们的产品是如此重要！

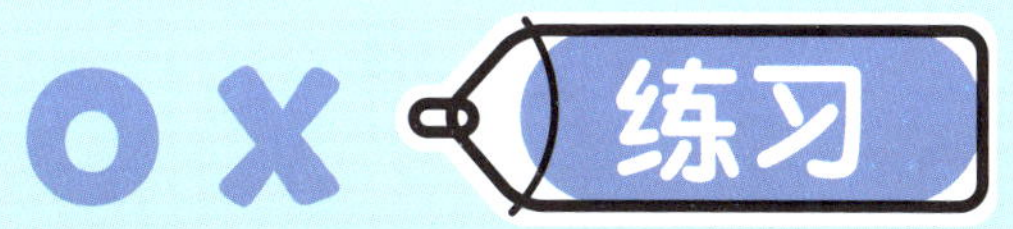

请你看看以下的例子中是否存在逻辑谬误，如果存在，请指出是哪种谬误。

1.珍妮：你知道乱穿马路是违法的，对吗？

伯特：难道你这辈子从来没有乱穿过马路吗？

2.我听说新来的班主任很重视语文，那么他一定会忽视数学。

3.研究表明，每周锻炼几次的人得心脏病的概率更低。你应该锻炼，这不会有什么坏处，说不定还会对你有好处。

4.珍妮：我打算开始吃素了，这样我会更健康。

伯特：为什么？你怎么知道你会更健康？

珍妮：因为我听说吃素的人比普通人更健康。

5.最著名的职业棒球手贝比·鲁斯只用路易维尔大炮牌球棍，而且扬基队的所有队员也都用这个牌子的球棍。我也打算买一个。

6.睡太久对身体不好。研究人员发现，每晚睡眠时间超过7小时的人死亡率要高得多。这项为期6年的研究分析了100万名30岁以上的人的睡眠模式。研究人员发现，每晚睡8小时的人在6年内死亡的可能性要高出12%，每晚睡5小时的人比睡超过8小时的人更长寿。

第 28 课

诉诸无知

诉诸无知的意思就是，一个人认为一件事情是真的，仅仅因为还没有证据能证明它是假的。

案例

审讯大师：*坦白吧！就是你说国王长得像鸭嘴兽。*

被捕的人：*不是我！*

审讯大师：*来吧，托尼，挠他痒痒。*

被捕的人：*不！哈哈哈……我……哈哈哈……没有……哈哈哈……说……哈哈哈……他……哈哈！*

审讯大师：*到现在为止，你都拿不出证据证明你没说过，所以，你肯定说了。托尼，接着胳肢他。*

分析

审讯大师的推理是毫无道理的。被捕的这个人怎么给得出他没有做过某件事的证据呢？

当某人提出一个主张（也就是声称一件事或做出一个指控），这个人就有义务给出相应的证据。比如，一个人如果说“你犯罪了”，他就应该提供指控你犯罪的证据，他可以说：“我知道你犯罪了，因为我亲眼看到你这样做了。”

如果他的说法是“你犯罪了，因为你无法证明你没犯罪”，他就把举证的责任转嫁到你身上了。而实际上，举证的责任原本应该由他来承担。

谁提出主张，谁就有责任提供证据。比如，伯特这句话就是一个主张——

伯特： *我们这里有美洲狮。*

伯特提出的主张需要证据来证明。

伯特： *我们这里有美洲狮。*

珍妮： *得了吧。你有证据吗？*

伯特： *快看你身后。*

珍妮： *救命啊！（一只美洲狮正张着血盆大口）*

这个证据就不错。

但是如果伯特说："我们这里肯定有美洲狮，因为我至今没看到任何证据证明我们这里没有美洲狮。"这个说法就犯了诉诸无知的逻辑谬误，他不能仅仅因为反面证据不存在就声称这里有美洲狮。

在下面这个例子中，珍妮同样犯了诉诸无知的逻辑谬误。

珍妮： *我们这里没有美洲狮。*

伯特： *你怎么知道的？*

珍妮： *你怎么证明我们这里有？*

珍妮也是在诉诸无知。没人在这里看见过美洲狮，并不意味着她可以板上钉钉地说这里不存在美洲狮。它们有可能只是藏得很好而已。珍妮需要证据来证明她的主张。

珍妮：*我们这里没有美洲狮，因为我在同一时间查找了我们这里的每一寸土地，一只都没有。*

尽管在同一时间把每一寸土地都查找一遍不是件容易事，但如果珍妮真能做到，这的确是个有力的证据。

在诉诸无知的时候，说话的人往往会提出千奇百怪的想法。

导游：*现在你眼前的这座著名的雕像叫作《思想者》。据说每到晚上，它就会从雕像底座上走下来，在城市里到处溜达。可是从来没有人见过它，因为它的速度奇快，眨眼之间就能回到底座上去。*

游客：*哈哈！这是我听过的最可笑的说法。你怎么才能证明这件事？*

导游：*先生，您如何证明这不是真的？*

既然没法证明传说是真的，导游就只好诉诸无知了。

并非诉诸无知

在刑事法庭上，举证责任总是在控方（公诉人）身上，谁指控别人犯了罪，谁就是控方。控方永远不能说："这个人有罪，因为他无法证明他无罪。"

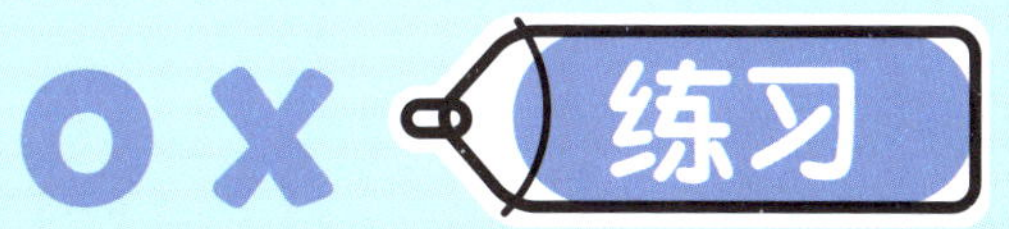

一、下面哪个律师犯了诉诸无知的错误？

控方律师：辩方律师没能提供一丝一毫的证据证明被告在谋杀发生时不在犯罪现场，没有提供一丝一毫的证据证明被告不是一个杀人狂，没有提供一丝一毫的证据证明被告没有足够的力气杀死受害者。因此，陪审员们，你们怎么能宣布这个人无罪？

辩方律师：在本案中，原告没有向我们出示任何证据证明我的当事人在谋杀发生时在犯罪现场，无法证明我的当事人有任何谋杀的意图，甚至无法证明我的当事人有足够的力气去犯罪。我必须再次强调，我的当事人是无辜的。

控方律师 ☐　　　　*辩方律师* ☐

二、请你看看以下的例子中是否存在逻辑谬误，如果存在，请指出是哪种谬误。

1.审讯者：你是个间谍。你怎么证明你不是？你证明不了，所以你就是间谍。全都招了吧！

被审讯者：哈哈，你犯了一个逻辑错误！我在《谬误神探》这本书里看到过。

2.吉普牌汽车是最安全的汽车。汽车安全检验实验室将200只青蛙放进200辆吉普牌汽车中，然后进行了撞车测试。撞车测试之后，一只青蛙都没死，而且它们似乎看上去更开心了。

3.约翰是个疯子，虽然他外表看起来正常得很，但你永远不知道他什么时候会做一些疯狂的事情。没错，他内心深处就是个疯子。你可能会问我是怎么知道的？那么，你能证明他是个正常人吗？我敢打赌你不能。

4.我去过法国，我知道法国人成熟、优雅，热爱艺术。这就是为什么我相信你，阿诺

先生，能够把我孙女的生日蛋糕设计成美味的艺术品。

5.儿子：爸爸，一个家庭其实就像一个国家。它们都由一群相互关联的人组成，而且都是相对独立的。既然一个国家需要给人民投票权，我们家谁来做主，也应该用选举的方式选出。

6.《伊利亚特》讲述了发生在特洛伊的故事，但考古学家没有找到任何证据证明特洛伊城的存在。看来，从来就没有特洛伊城，《伊利亚特》也都是虚构的，不是真的。

7.广告：快来买这款全新的“敏柔”香水吧！难道你想整天闻臭味吗？

8.听你说这些没有意义，大家都知道你就是个老好人。

9.我哥哥在10岁之前总是啃手指甲，现在他是一个小偷。千万不要让你的孩子啃手指甲！

10.农民麦克唐纳：你看那些有钱的农民，我一直在琢磨他们为什么那么有钱。

农民布朗：为什么？

农民麦克唐纳：他们每个人都有一台全新的拖拉机，我觉得这就是他们的致富秘诀。我也打算给自己弄一台全新的拖拉机。

11.外星人肯定存在，没人能证明外星人百分之百不存在。

第五章 CHAPTER

舆论宣传中的谬误

第 29 课

什么是舆论宣传？

广告商总会想方设法让我们购买他们的产品，不论这个产品是肥皂还是汽车，所以广告中这些商品似乎都充满了诱惑。

案例

“瑞士春日香皂，它让您全天干净清爽！”

“飞马汽车，终极驾驶机器。”汽车也总是显得更坚固，更豪华，更时尚，只有这样才能激起我们的购买欲。

“巧克力口味的冰激凌，吃下去，你的世界将会变得更加美好！”一个冰激凌竟被说成了具有改变世界的能力。

上面所有这些都是舆论宣传。

舆论宣传指的是任何一种用来传播我们的理念或想法的方法。

舆论宣传随处可见，在电视节目、广告宣传栏和其他许多地方，我们都能看到。宣传人员使用各种不同的方法来传播他们的想法或宣传他们的产品，这就是所谓的舆论宣传手法。

舆论宣传并不总是坏事。传播想法或是促使人们购买产品，本身都没有错，但前提是要实事求是。糟糕的是，有些情况下，当其他人想让我们购买某种产品或做一些他们想让我们做的事情的时候，他们给出的理由往往站不住脚。

一个汽车销售人员想方设法兜售他的卡车，按照他的说法，这车“很结实”，而真实情况却并非如此。

操纵性舆论宣传的意思是：他人通过操纵某种观点影响我们，希望我们不经过深思熟虑就同意他们的观点。

在本书中，我们所讨论的舆论宣传就是这种操纵性舆论宣传。

当两种声音试图往不同的方向影响我们的时候，我们往往会举棋不定，无法判断哪个方向是正确的——

辩方律师：*各位陪审团成员，请你们认定约翰·琼斯的谋杀罪罪名不成立。他有老婆，还有三个孩子，如果他被定罪，他的家人最终将被迫住进贫民窟。*

控方律师：*各位陪审团成员，请你们认定约翰·琼斯犯有谋杀罪。他需要被关在那个他再也不能犯罪的地方。如果你不给他定罪，你可能就是下一个受害者。*

注意到没有？这两个说法乍一听都颇让人信服，但问题是，他们不可能同时正确，一定有一方是错误的。

在这里，我们可以看到两种宣传手法：辩方律师希望陪审团出于同情站在他这一边，而控方律师则希望陪审团出于恐惧站在他这一边。

两位律师都没有说出陪审团真正应该讨论和判断的问题：约翰·琼斯到底犯罪了没有？

操纵性舆论宣传很像红鲱鱼谬误，它企图回避重要问题，试图分散我们的注意力。

当我们觉得自己被操纵时，我们不妨问问自己这几个问题：“这个人确实在证明他所说的话吗？”“他是不是在制造一种假象，显得他好像已经证明了他说的话？”或者“他所说的话都与主题有关吗？”

在接下来的几节课中，我们会教给你使用一些工具，让你更好地了解广告等操纵性舆论宣传是如何影响你的。或许下次，当你犹豫要不要买某样东西的时候，你就能做出更好的决定。

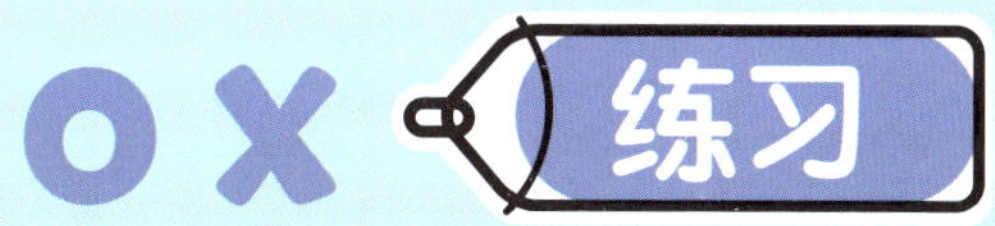

一、请你回答下面的问题。

1. 什么样的人会用到舆论宣传？

2. 使用舆论宣传有错吗？

3. 宣传者的观点总是错误的吗？

4. 舆论宣传总是具有操纵性吗？

5. 舆论宣传总是想利用我们的情绪吗？

6. 舆论宣传总是跟主题无关吗？

二、下面哪些说法使用了操纵性的舆论宣传？

1. 有外星人！大多数人都相信有某种外星生命的存在！

操纵性的 □ 非操纵性的 □

2. 真正聪明、有想象力的人都相信有外星人存在。

操纵性的 □ 非操纵性的 □

3. 只有不懂科学的人才相信外星人存在，这跟迷信差不多。

操纵性的 □ 非操纵性的 □

第 30 课

诉诸恐惧

诉诸恐惧是一种舆论宣传手法。当一个人告诉你，如果你不按照他说的来做，后果将不堪设想，他就是在诉诸恐惧。

让我们回到上一课中的例子——

案例

控方律师： *各位陪审团成员，请你们认定约翰·琼斯犯有谋杀罪。他需要被关在那个他再也不能犯罪的地方。如果你不给他定罪，你可能就是下一个受害者。*

分析

这段话没有回答关键的问题：约翰·琼斯真的犯了谋杀罪吗？相反，控方律师试图以“你会成为下一个受害者”的恐惧来干扰陪审团。“无论这个人有没有犯罪，我都需要认定他有罪，不然我可能是下一个受害者！”这种推理当然是不合逻辑的。

出于恐惧而采取的行动往往欠缺考虑。恐惧能给人强大的影响，一旦人处于恐惧中，往往没法把事情考虑清楚，还可能会因为害怕而出现应激反应：“救命啊！可怕的事情就要发生啦！”

下面的广告就用到了诉诸恐惧——

一张脏兮兮的卫生间的照片。旁白是：“你家的卫生间就是这样子吗？”

接下来是浴缸的特写，各种虫子四处乱爬。

旁白是："这就是你所看不到的。赶快使用永洁牌清洁剂打造清新的卫浴！"

这个广告企图唤起我们的恐惧。一想到小虫子在自家的卫生间里爬来爬去，我们就会吓得半死，不管这些小虫子会不会造成什么实际破坏。而最终结果就是我们会购买广告中的产品。

当诉诸恐惧的人实际上也是制造恐惧的人时，情况就会变得雪上加霜。

餐厅老板：*你不喜欢我家的比萨？那我就派我表弟"大拳头"托尼来帮你改变想法吧，他一定能让你喜欢比萨。*

这种威胁很可能奏效。当一个人心存恐惧的时候，他做出的决定跟心平气和的状态下做出的会大不一样。一旦"大拳头"托尼出现在我们面前，我们可能都会改变想法，当场决定说他家的比萨吃起来还不错。

不是诉诸恐惧

当有人威胁恐吓我们却没有试图改变我们的看法时，这种情况不能算是诉诸恐惧。

劫匪：*如果你不把所有的钱都转到我的账户里，我这把枪可不是用来当摆设的。*

劫匪的话不能算是诉诸恐惧，而是威胁恐吓。因为他并没有试图改变我们的想法，他只是给了我们两个选择——要么按他说的做，要么吃枪子儿。当然，有些时候诉诸恐惧和单纯的威胁恐吓之间不过是一线之差。诉诸恐惧的目的是想让人因为害怕而改变看法；而威胁恐吓只是简单粗暴地让人按照发出恐吓的人说的做，不然就要承担某种后果。

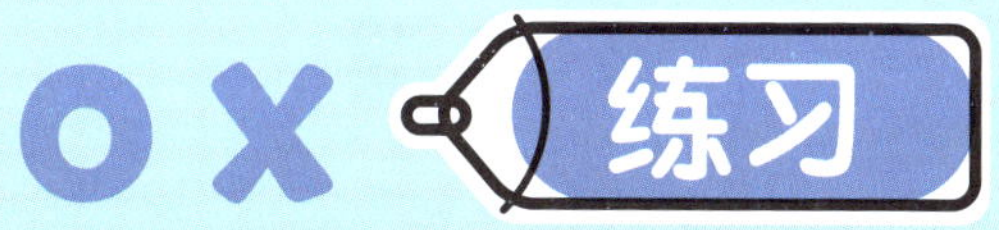

以下哪些例子是诉诸恐惧？

1. 你知道一头跑出围栏的牛会给农场造成什么样的损失吗？想象一下，如果你的电围栏出现故障，你的牛闯进邻居的田里，会发生什么？买一个快闪牌电围栏，你就再无后顾之忧。

诉诸恐惧 □　　不是诉诸恐惧 □

2. 妈妈，你要是再不给我买这个玩具，我就在这里一直哭一直哭！

诉诸恐惧 □　　不是诉诸恐惧 □

3. 投降吧，你们这些叛徒！

诉诸恐惧 □　　不是诉诸恐惧 □

4. 投降吧，你们这些叛徒，不然我们就开火了！

诉诸恐惧 □　　不是诉诸恐惧 □

5. 我希望你能意识到投降是明智的，别忘了谁手里的枪更多。

诉诸恐惧 □　　不是诉诸恐惧 □

第 31 课

诉诸怜悯

当有人想让我们做某件事，而企图通过博取同情的方式来达到这个目的时，他就是在诉诸怜悯。诉诸怜悯也是一种操纵性舆论宣传手法。

案例

警官： *我让你停车，是因为你在40千米每小时的限速区内已开到了80千米每小时，我得给你开一张罚单。*

司机： *警官，我今年已经收到五次罚单了。如果我再拿到一张罚单，我的驾照就会被没收，我就没法开车上班了，我的老婆、孩子都会饿死的。*

分析

这个司机可能的确有难处，但他这番话和他超速的事实无关。他在一年内收到五张罚单这件事恰好说明他不够关心家人，否则他就应该为了他们而安全驾驶。这个司机试图通过唤起警官对他的怜悯来影响警官开罚单的决定。

州议会决定，公寓楼无权禁止租客养宠物。这一决定的支持者表示，该决定将帮助许多人，包括年长的居民，他们的生活会因宠物而变得更有生气。

支持此决定的参议员回忆说，他的父亲去世后，他母亲从宠物狗身上得到了莫大的安慰："在我父亲去世后，我母亲一直独居。那条贵宾犬是我母亲的唯一陪伴。"

参议员母亲的故事是否让你感到难过？可是，他妈妈是住在公寓楼里吗？他讲的这番话能证明我们有必要立法禁止公寓拒绝租客养宠物吗？

有些时候，有人企图用诉诸怜悯让我们感到内疚。

每年，人类都会建造大量新房，使用无数的纸质购物袋，它们的原料都取自亚马孙雨林中的树木。据科学家估计，每65.944秒就有12种动物灭绝。你难道不应该为此做点什么吗？

——某登山俱乐部宣传页

这样的呼吁会不会让你感到有一点点内疚？可是等一下，这张宣传页并没有说清楚一件事：建造新房，使用购物袋怎么会导致动物灭绝呢？

下面的例子中，是否使用了某种舆论宣传手段？如果使用了的话，是哪种呢？

1.信用卡广告：一张鲨鱼张着血盆大口的图片并配以文字“如果丢失、被盗，此卡可以免费更换”。

2.运动型轿车的广告配文：它很友善，乐于玩耍。

3.老师，麻烦你让我及格吧。如果我再不及格，我爸爸说我就一个月都不能出门了。

4.你能给我一点钱吗？我遇到麻烦了——我们的房子被烧毁了，车也被银行收回了，我失去了工作，我的家人都得了肺炎，黑手党还在追杀我，我所有的钱都被劫匪抢走了。

5.太太：我需要一枚钻戒。

先生：为什么？你已经有很多珠宝了。

太太：呜……呜……但是，我只是想要一样东西，呜……让我能心情好点。

6.嫌疑人：法官，如果你给我定罪，这将成为我终身污点。当我出狱后，没有人会给我一份工作。

7.救命啊！我们的房子着火了，房子里面还有我的宝宝。你能帮帮我们吗？

第 32 课

从众谬误

有一些广告或文章会夸大其词地说：成千上万的人都在用我们的产品。它们就是在利用人们的从众心理来做舆论宣传——人们往往会受到其他人影响，而表现出符合公众舆论或多数人看法的行为方式。

案例

克莱德： *爸爸，我可以去看那部电影《袋熊的暴击》吗？*

爸爸： *不行，我听说那部电影很暴力。*

克莱德： *谁说的？所有人都去看了。*

克莱德就是企图用“别人都在做”这个说法来让爸爸的态度有所松动。

分析

从众这个舆论宣传手段往往促使我们去赶时髦，做“别人都在做”的事情。这就是为了给我们施加压力，让我们觉得我们必须要去做某件事情，因为其他人都在做这件事。

苹果电视台的新闻节目一向拥有最多的观众，节目质量也最好。

就算苹果新闻的收视率高，但这是否就意味着苹果电视台制作的新闻节目质量最好呢？

我们时不时就会听到家长这样问孩子——

妈妈：如果XXX（这里插入孩子朋友的名字）找个悬崖跳下去，你也跟着跳吗？

儿子：当然了，悬崖在哪里？

即便这个世界上所有人都在做某事（比如去看某个影片，穿某件衣服），这都不足以说明我们也应该这样做。

小结

从众谬误与同辈压力密切相关。我们都想做朋友们正在做的事情，尽管有时我们明知道这么做是不对的，但我们仍然照做不误。

这里的关键问题不在于其他人都在做什么，而是这么做是对还是错。那么，现在你再去想这两个问题“那部电影值得一看吗？”“这家电视台的新闻报道更可靠吗？”是否会有所不同？

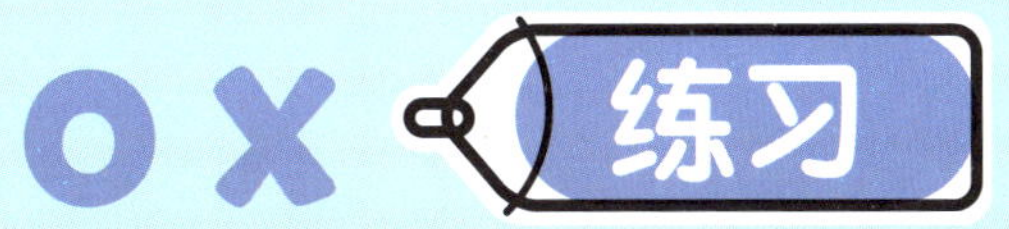

下面的例子中，是否使用了舆论宣传的手段？如果使用了的话，你能看出来是哪种吗？

1. 先生：我觉得我们需要买一辆新车。

太太：为什么？我们的车刚开了几年，什么毛病都没有。

先生：我觉得买辆新车是好事，也能让别人都羡慕。史密斯家刚买了一辆跑车，隔壁那家也刚买了一辆房车。

2. 成千上万的人都加入了健身俱乐部，你还在等什么？

3. 我刚刚发明了一种永动机，你只需要加水就可以使用。它可以给汽车提供动力，给房子供电。不幸的是，政府正竭力打压我这个重大发明，因为我的发明会让石油公司损失惨重。只要寄给我 982 美元，你就可以拥有这种永动机。

第 33 课

时不我待

时不我待的意思是时间紧迫，我们需要立即采取行动。在这类谬误中，说话的一方总是在催促我们：“抓紧时间，赶快做吧 / 买吧 / 签字同意吧，因为所剩时间不多了。”

案例

心动不如行动，孩子们！这可是最后一只豪猪了！

分析

这个广告敦促我们快点做决定，我们如果再犹豫的话，所有的豪猪都要卖完了。他巴不得我们不假思索就买下来，甭管我们是不是真的想要一只豪猪做宠物。

正宗的铜茶壶！全场一折！赶紧行动，卖完为止！

说话的人企图让我们采取某种行动，然而他给出的唯一的理由就是时间所剩无几了。这种舆论宣传手段就叫时不我待。

迦勒：_你为什么不和我一起去看那部电影？_

艾萨克：_我觉得我还不该看，我爸妈都还没看过，也不知道好不好看。_

迦勒：_可是这部电影已经在电影院上映好几个星期了，如果再等下去，它很可能就会下架了。_

在上面的对话中，迦勒没有理会艾萨克的理由——艾萨克的父母还没有看过，所以他不确定这部电影是否好看，只是在强调这部电影的上映时间所剩不多了。

下面的例子中，是否使用了舆论宣传的手段？是的话，你能看出来是哪种吗？

1. 妈呀，这东西可真是抢手啊！我得赶紧买一个，不然就要卖光了。

2. 你有多爱你的凯瑞牌汽车？凯瑞连续四年被评为全国最受欢迎的汽车品牌，比其他汽车的回头客都多。

3. 成千上万的近视人士都购买了“视眼宝”护眼仪。

4. 男士：快点吧，咱们今天干吗不能结婚呢？

   小姐：哦，我还决定不了。我今天早上才认识你，你不觉得这样有点快吗？

   男士：我今晚就要走了，之后几年都回不来。如果你现在不嫁给我，我们可能就再也没有机会了。

5. 请您今天就参与献血！由于最近发生的灾难，成千上万的人都迫切需要您的捐献。

6. 我们的地毯促销就要结束了！赶快抓住这最后的省钱机会！

7. 这些纯银汤匙套装通常只会作为收藏品在小范围流通，这是第一次面对公众开放购买。时间有限，欲购从速。

8. 一个关节炎止痛药的广告：该药物是销量排名第一的关节炎处方药。

第 34 课

不断重复

有人说过:“如果你能把一个谎言重复足够多次，态度足够坚决，人们早晚会相信它。”

不断重复，就是直白而且反复地强调一个信息，企图让人相信这是真的。

案例

早餐吃糖圈麦片！午餐吃糖圈麦片！晚餐吃糖圈麦片！三餐都吃糖圈麦片！你绝对会喜欢糖圈麦片的。

分析

说话的人企图通过“重复，重复，再重复”的方法，把吃糖圈麦片这个想法植入我们脑海中，不管我们一开始想不想吃。说话的人巴不得我们中了他的催眠术，身不由己地走到超市货架那里，喃喃自语:“吃糖圈麦片……一定要吃糖圈麦片……”

有些时候，这种宣传手段不仅仅是简单重复一些关键词，而是重复某些观点。这些观点重复，重复，再重复，对你的大脑一通狂轰滥炸。发表这些观点的人认为，如果他说得足够多，重复足够多遍，人们早晚会相信。

下面的例子中，是否使用了舆论宣传的手段？如果使用了的话，你能看出来是哪种吗？

1.请您免费试用全新的自动洗车机30天。完全免费！全新的机器！如果您在30 天免费试用期后对它不满意，您可以免费退货。

2.一则过敏药物的广告，广告图片中有一个戴着防毒面具的人，配文：在鼻子过敏改变你的生活之前，你不妨先做出一个更轻松的改变——你只需要冲鼻灵。

3.一张可爱的婴儿照片旁边配有一行文字：老年患者并不是癌症的唯一受害者。

4.你就是个大懒汉！你整天不工作，什么也不做，我都不敢相信你这么懒！

5.天哪，怎么每个人都在买这种气球？这应该是最新的玩具，我也得买一个。

6.克莱德：我妈妈的车可以达到很高的时速。

伯特：你怎么知道的？

克莱德：我妈妈说的，但我不知道她怎么会知道。

7.免费包装！免费检查！免费休息区！全部免费！在北方公园商场，一切都是免费的！

8.妈妈：你该不会穿那个出门吧？

女儿：哦，妈妈，你太落伍了，现在每个人都这么穿。

9. 十年来，我一直告诉人们外星人已经登陆地球了。终于，人们开始相信我了！

10. 致出版商的信——我写信的目的是想投诉我的书稿《谬误神探》被你们拒绝出版。你们这么做是不对的。这本书耗费了我五年多的时间，我一天也没有休息过。我为此付出很多，夜以继日地工作，以至我电脑键盘上的字母都磨掉了。我在这本书上倾注了全部心血，而你仅仅寄给我一张便利贴，上面只写了一句话“我们目前不考虑出版一本关于逻辑的书”。这让我悲愤异常，失去了理智。

11. 清洁你的房子，清洁你的车，清洁你的车库。立可净让一切变得清洁。

第 35 课

移情操控

移情操控的目的是让我们把对一个事物喜欢或厌恶的情绪转移到另一个不相关的事物上。

比如，在清洁产品的广告里，我们经常可以看到移情操控的例子。在这类广告中，我们往往可以看到一尘不染、颜色靓丽的衣服，洁白如新的房子，外形健康阳光的人们。制作广告的人希望我们把对这些美好事物的喜爱转移到他们的产品上。

案例

一个相貌英俊、肌肉发达的帅哥在暴肌牌健身器上锻炼！他边练边说：“只要两周，就能重塑你的肌肉线条！”

分析

尽管广告中没有明说，但它显然在诱导我们把对帅哥的感受转移到健身器上。这个广告希望我们相信，一旦买了健身器，我们的肌肉就会迅速生长，用不了几个星期，我们看起来也会像广告中的帅哥一样。

让名人来给产品代言也是移情操控的手法之一。

拥有一头秀发的女明星举起一瓶洗发水，说：“使用纯闪洗发水，让你的秀发更健康，更芬芳。”

这个广告的目的就是希望我们把对女明星的好感转移到洗发水上。尽管

女明星的头发很可能是在拍摄前由专业人士精心打理的，但这个广告想让我们以为她是因为使用了纯闪洗发水，头发才会这么柔顺美丽。

移情操控也往往会用在产品的命名上。

虽然豪猪警报系统并不会真的使用豪猪，但该公司希望你把对长满硬刺、防御本领超强的豪猪的感受转移到他们的产品上。

“纯净高山泉”这个产品的名字企图让我们觉得这种水比我们常见的瓶装饮用水更纯净，更健康。但说不定这种瓶装水也是从工厂的水管子里接出来的，就像其他品牌一样。

哪些情况不是移情操控?

当推销产品的名人实际上是此类产品的权威时，这就不属于移情操控。

著名棒球投手举着索克牌棒球手套，说：“我在投球时总是使用索克牌棒球手套，这是最好的手套。”

如果棒球投手的确使用这种棒球手套的话，他很可能有专业独到的理由。我们也因此更有理由相信索克牌棒球手套的质量是可靠的。

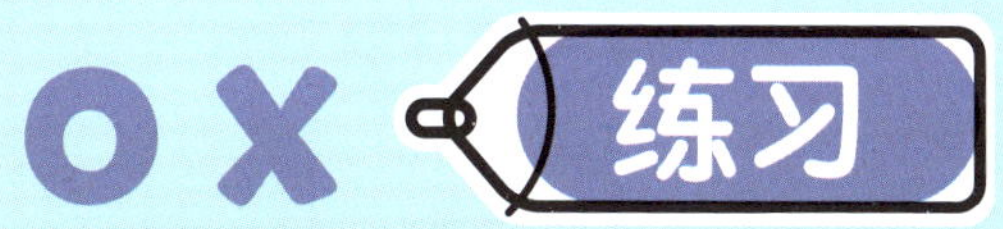

下面的例子中，是否使用了舆论宣传的手段？是的话，你能看出来是哪种吗？

1. 著名棒球投手杰克：我在打比赛时总是使用锐芬牌除汗剂，它能让我随时保持体味清新。

2. 著名拳击手乔：我总是用暴肌牌健身器锻炼身体，它能让我的肌肉保持最好的状态，让我成为更出色的拳击手。

3. 一张图片中有一瓶被冰雪覆盖的碳酸饮料，配文：爽！

4. 一张图片中，一个人站在一座高塔的尖顶上，配文：没有AAA的汽车保险，这太可怕了！

5. 一则猫粮广告的插图里，一只家猫的旁边站着一头大型美洲狮。配文：两者同属猫科，都是不折不扣的肉食动物；正因为如此，我们的猫粮都是选用优质鸡肉制作而成。

6. 宣传动物保护的网站标题：你购买一件皮夹克或一双皮鞋，就相当于给一个动物判了死刑。时尚应该有趣，而非血腥！

7. 我们为什么不能去游乐园？我们可能几年内都不会再来这里了。这是我们唯一的机会。

第 36 课

诉诸与众不同

诉诸与众不同与利用从众心理刚好相反：从众心理利用的是我们想和其他人保持一致的心理，而诉诸与众不同利用的是我们希望从人群中脱颖而出的愿望。

当有人企图让我们相信，做某件事情（比如使用他们的产品）会让我们显得优人一等或让我们脱颖而出时，他就是在诉诸与众不同。

我们都愿意相信自己属于那个与众不同的少数派，谁愿意承认自己就是默默无闻的普通大众中的一员呢？

广告：为什么要像其他人一样去读那些味如嚼蜡的逻辑书？你值得拥有更好的阅读体验，因为你需要的是更高端的知识刺激。《谬误神探》这本书会让你拥有其他人不可企及的严密逻辑。

当舆论宣传用到诉诸与众不同这个方法时，它的话术虽然荒谬但非常有效。说白了，它就是在告诉你“快来买我的产品，因为其他人都不配使用我的产品”。这极大满足了我们内心对与众不同的渴望。这时候，我们需要停下来，用脑子好好想想：或许其他人并非不配使用这个产品，而是拒绝使用这个产品。

臭鼬香水，让你在人群中傲然独立。

那些一心盼望孩子出类拔萃的父母也容易落入这个陷阱。

哈罗寄宿学校，只为最杰出的人才提供最优质的教育。

小结

诉诸与众不同就是利用了人们总想挤进更高级的阶层的渴望。因为我们总有一种幻觉，以为我们一旦购买了某种产品，我们就会显得光彩照人，不同凡响，从此高人一等。

下面的例子中，是否使用了舆论宣传的手段？是的话，你能看出来是哪种吗？

1.斯补奇营养丰富！斯补奇味道可口！斯补奇为医生首选的营养补充剂！下次去超市，别忘了斯补奇！斯补奇一心回馈消费者，消费者喜爱赞赏斯补奇！

2.图片中一辆越野车在遍布砂石的路面行驶，配文：这是一个崎岖不平的世界，你需要正确的工具引你前行。

3.汽车广告：当你被人嫉妒，这感觉棒极了。

4.广告：既然您的养殖场养的并非普普通通的肉牛和奶牛，那您为什么要选用普通的饲料呢？只有南星牌饲料才能让您的养殖效率提高，事半功倍。

5.广告图片中，一瓶橙汁旁边蹲着一头豪猪，配文：我们的优质橙汁有助于改善您的免疫力，每日只需一分钟，好感觉持续一整天。

6.冲着警察大喊大叫可不是什么明智之举。这一点你应该同意吧？我可不想失去警察的保护。

7.一张引人注目的青蛙图片，配文：可达牌相机眼中的野生动物。

8.一本高级玩具产品目录，配文：皇室的玩具，你也值得拥有。

第 37 课

诉诸传统和诉诸科技

有人鼓励我们购买某些产品或是采取某些行动，仅仅因为这些产品或者这个做法颇有历史传统时，他就是在诉诸传统。

这种舆论宣传的方式往往很得人心，尤其对那些喜欢传统的人来说更为有效。

黑白画面中，一个人正在认真打磨一把吉他。此时画外音：“马丁牌吉他，我们专业的吉他工匠只采用久经考验的古法，手工制作吉他。”

如果广告中提到某家商业机构历史多么悠久，这样的广告就是在诉诸传统。

成立于1919年，我们已经为公众服务超过100年 。

难道你购买某种商品就是因为它已经存在很长时间了吗？商品的悠久历史可能跟商品和服务质量完全就是两码事。

黑白画面展示一辆20世纪50年代的老式双门轿车，紧随其后的彩色画面中，一辆外观时尚、极具现代感的轿车在路上疾驰而过。此时画外音：“汽车的昨天和今天。”

这个广告中的黑白部分就是在诉诸传统。人们往往会有一种心理，觉得如果一个产品历史悠久，购买它一定安全可靠。这个广告就是利用了这种心理。而紧随其后的彩色部分使用的则是另一种舆论宣传手法，我们把它称为诉诸科技。

在诉诸科技的时候，人们被鼓动去购买某样东西，因为它是“最新的产品”，尽管它未必是最好的产品。

一张时尚现代的汽车照片让人赏心悦目，因为拥有最新、最前沿的东西会让人感觉良好。

克莱德：*嘿，伯特，你得买一双尼克牌的新球鞋，它们使用了恐龙防滑技术。这是一种高科技新功能，即使你踩在奔跑的蛇颈龙的后背上都不会摔下来。*

这种防滑鞋底可能的确是一项高科技，可是，我用得着它吗？当有人使用艰深难懂的技术词汇，让他们的产品显得高深莫测的时候，他们也是在诉诸科技。

我们的洗衣球采用独家专利，可自动清洁您的衣物，它会去除游离脂肪酸，与此同时植入清洁催化剂。

没人听得懂这段话在说什么，不过其中一些陌生的貌似高科技的名词的确让人觉得高深莫测。

玛姬一读到“微晶体”就决定买！

下面的例子中，是否使用了舆论宣传的手法？是的话，你能看出来是哪种吗？

1.超级震撼的特效，曲折离奇的情节，魅力十足的角色，这部电影是为你量身定做的。

2.一张图片中，一辆汽车在滂沱大雨中艰难前行。下面广告语：风云诡谲，你能重操胜券吗？（硬核石油）

3.为了揭开海洋的秘密，罗伯特·巴拉德博士使用了最精密的水下设备——他的劳尔牌潜航表。

4.一辆古董车旁边停放着同一品牌的最新款汽车，配文：始于1935年，不断重塑自我。

5.感受简爱厨灶的非凡魅力——几十年来，我们一直在完善下吸式通风。无须置顶式抽油烟机，依旧完美地清除油烟。

6.你是否总觉得自己处在亚健康状态？你是否一直感到虚弱和疲倦？这或许是因为你体内有寄生虫。寄生虫是生活在你体内并消耗你身体能量的小虫子，医生已经意识到寄生虫是导致身体不适的主要原因之一。我们的新专利配方虫零合剂，致力于清除体内有害寄生虫。

7.我们做的一切都是为了更幸福的微笑、更幸福的面孔、更幸福的家庭、更幸福的社区和更幸福的世界。

——远山人寿保险

第六章 CHAPTER

总 结

第 38 课

把逻辑谬误一网打尽

在最后这节课中，我们帮你总结了前面所讲的全部逻辑谬误。为了帮你更好地甄别它们，每个逻辑谬误的后面还附上了一个例子。希望你能在生活中保持警惕，一眼识破它们。

1. **红鲱鱼：**在论点中引入一个不相关的话题，它看上去似乎能证明说话人的观点是正确的，然而实际上却跟主题不相干。

小女孩：*大棕熊怎么可能是危险的呢？它们看起来那么可爱。*

2. **特殊诉求：**使用双重标准或要求被特殊对待，尽管理由并不充分。

老爷爷：*不能赖我超速哟，你看，那个限速牌子字太小，我都看不清楚。*

3. **人身攻击：**攻击对方的人格或说话做事的动机，而不是针对他的观点。

珍妮：*我叔叔说所有的杀人犯都应该被处以死刑，这样一来就没人再敢杀人了。*

西尔维亚：*你叔叔是不是进过监狱？我觉得我们不能相信罪犯的话。*

4. **起源谬误：**对某个观点进行批判，而批判仅围绕着这个观点是从哪儿来的、怎么来的、谁最先提出来的。

伯特：*格里休斯先生，为什么你穿裤子从不用皮带？*

格里休斯先生：*因为皮带是几个世纪前在军队中发明的，最先的使用者都是*

士兵。我又不是士兵，所以我才不要用皮带。

5. **“你也一样”谬误：**否定一个人对某件事情的看法，仅仅因为那个人在这件事情上言行不一。

弗雷德：*如果我是你，我就不抽烟。抽烟是个坏习惯，会造成各种各样的健康问题。*

杰克：*别跟我说抽烟不好，你自己也抽烟。*

6. **错误的诉诸权威：**把不是某个领域专家的人的意见当作了权威意见。

我的修车师傅说最好的修电脑的办法就是狠狠踢它一脚，这个方法他屡试不爽。

7. **诉诸他人：**声称一个观点是正确的，仅仅因为其他人都同意这个观点。

政客：*我的竞选对手认为这场战争是正义的，然而最近的一项民意调查显示，85%的人都认为我们不该发动这场战争。*

8. **稻草人谬误：**故意扭曲或者夸大对方的观点，从而使它更容易被击败。

妻子：*我们的车子有点不对劲。我觉得我们得换辆车了，换辆更舒服点的。*

丈夫：*你想买一辆崭新的豪华车？我们可买不起劳斯莱斯。*

9. **循环论证：**一个人只不过是在重复自己的观点，却把重复的内容当作支持自己观点的证据。

吉米：*爸爸，我为什么要学逻辑学？*

爸爸：*因为它能拓展你的思维。*

吉米：*为什么它能拓展我的思维？*

爸爸：*因为它会让你更好地思考。*

10. **含糊其词**：改变了讨论中的某个词的含义。

爸爸：*儿子，我希望你长大后成为一个负责任的年轻人。*

儿子：*但是，爸爸，我已经很负责任了，每次有东西打碎的时候，好像都是我来负责任。*

11. **复合问题**：提出一个问题，同时在问题中掺入预设的观点。

法官：*你有没有停止殴打你那只可怜的狗？*

12. **滑坡谬误**：如果我们朝前迈出一步，我们就会不可避免地一路走下去，因为每一步和下一步之间都没有任何本质差异。

妈妈：*我们不能让她再养一只狗了！*

爸爸：*哦？我们家养两只狗没问题，她喜欢动物。*

妈妈：*两只狗？接下来她会养三只、四只……她绝不会就此打住！*

13. **合成谬误**：把一个局部的特性当作一个整体的特性。

体育解说员：*这支球队的队员都是从全国最好的运动员中选拔出来的，他们在各自的站位上都是最好的选手。这支球队一定会大获全胜。*

14. **分解谬误**：认为一个整体所具有的特性，一定也存在于每个局部。

体育解说员： *在今年的比赛中，这支队伍赢得了有史以来最多的奖牌。作为队员之一的吉姆，一定是最优秀的运动员。*

15. **非黑即白，非此即彼：** 认为我们必须在两者之间做出选择，而实际上，我们拥有的选择远不止于此。

邻居： *一个人要么是个爱狗人士，要么就是个厌狗人士。我看你从来不理小区里面的狗，你一定是个厌狗人士。*

16. **以偏概全：** 仅仅根据很小的没有代表性的样本就对总体做出了某种片面的概括。

所有水管工都很聪明。我认识一个水管工，他可以把圆周率算到第289,954位。

17. **弱类比谬误：** 看到某些事物之间存在一些无关紧要的相似之处，就认为它们在其他方面也都非常类似。

大卫： *云含有超过90%的水分，西瓜也含有超过90%的水分。既然一架飞机可以毫不费力地钻过云层，它也可以轻轻松松地穿越西瓜。*

18. **后此谬误：** 因为A发生在B之前，所以A一定是造成B的原因。

农夫： *我们的公鸡每天早上打鸣，这之后太阳才会升起来。你知道公鸡有多重要了吧？*

19. **诉诸无知：** 认为一件事情是真的，仅仅因为还没有证据能证明它是假的。

农夫：我们旁边的山里一定有美洲狮，因为我还没见到啥证据说那里没有。

20. **诉诸恐惧：**说话的人想让你相信，如果你不按照他说的来做，后果就会不堪设想。

广告：你知道一头跑出围栏的牛能对农场造成什么样的损失吗？想象一下，如果你的电围栏出现故障，你的牛闯进了邻居的田里，会发生什么？购买一个快闪牌电围栏，你不再有后顾之忧。

21. **诉诸怜悯：**有人想让我们做某件事，企图通过博得我们同情的方式来达到这个目的。

司机：警官，我今年已经收到五次罚单了。如果我再拿到一张罚单，我的驾照就会被没收，我就没法开车上班了，我的老婆、孩子都会饿死的。

22. **从众谬误：**促使我们做某件事，理由是其他人都在做这件事。

克莱德：爸爸，我可以去看那部电影《袋熊的暴击》吗？

爸爸：不行，我听说那部电影很暴力。

克莱德：谁说的？所有人都去看了。

23. **时不我待：**促使我们做某件事的唯一原因是所剩时间不多了。

正宗的铜茶壶！全场一折！赶紧行动，卖完为止！

24. **不断重复：**直白而且频繁地重复同一个信息，企图让人们相信它是真的。

早餐吃糖圈麦片！午餐吃糖圈麦片！晚餐吃糖圈麦片！三餐都吃糖圈麦片！你绝对会喜欢糖圈麦片的。

25. **移情操控：**让我们把对一个事物喜欢或厌恶的情绪转移到另一个不相关的事物上。

拥有一头秀发的女明星举起一瓶洗发水，说："使用纯闪洗发水，让你的秀发更健康，更芬芳。"

26. **诉诸与众不同：**企图让我们相信做某件事会让我们显得卓尔不群，与众不同。

哈罗寄宿学校，只为最杰出的人才提供最优质的教育。

27. **诉诸传统：**促使我们去做某件事，仅仅因为它历史悠久。

黑白画面中，一个人正在认真打磨一把吉他。此时画外音："马丁牌吉他，我们专业的吉他工匠只采用久经考验的古法，手工制作吉他。"

28. **诉诸科技：**促使我们去做某件事，仅仅因为它使用了最新的技术，而并非因为它是最好的。

你得买一双尼克牌的新球鞋，它们使用了恐龙防滑技术——这是一种高科技新功能，即使你踩在奔跑的蛇颈龙的后背上都不会摔下来。

参考答案

第1课：锻炼你的大脑

1.a。冲浪很好玩，说不定也能让人学到很多东西，但接受教育也很重要。这个人看上去似乎想逃避学校。

2.a。小孩子似乎有一种超能力：他们想忘事的时候就能特别爱忘事。不过大人似乎也是如此。

3.c。泰德不是脑子懒，而是身体懒。

4.b。马里奥希望能更好地了解这件事。

5.c。布莱恩只是不想干活儿。

6.b。凯特可能只是抱怨两句而已，她看起来很喜欢新鲜事物。

第2课：好好听别人说话

1.b。加里不想知道别人是怎么想的，他对别人的想法不感兴趣。

2.c。贝蒂很可能就是累了。

3.b。布莱恩不想听别人的想法。他让别人听他滔滔不绝说了半小时，然后只给别人几秒钟。

4.c。杰瑞只是不想听很吵的音乐，这个不难理解。

5.c。听别人的批评意见对我们是很有帮助的，但有时候批评太多了，我们也会觉得受不了。

6.b。听上去吉姆更像是不愿意看到别人对他的决定提出不同意见。

7.a。听起来帕蒂是真的想多听取别人的建议。

第3课：正反对立的观点

1.从你的角度和从驯狗师的角度。

2.从科学的角度和从神话的角度。

3.从读了这本书的人的角度和从没有读过这本书的人的角度。

4.从爸爸妈妈的角度和从小男孩自己的角度。

5.从孩子的角度和从父母的角度，从女孩的角度和从男孩的角度等。

第4课：什么是红鲱鱼?

1.不是红鲱鱼。

2.红鲱鱼。

3.不是红鲱鱼。

4.红鲱鱼。

5.红鲱鱼。

6.不是红鲱鱼。

7.不是红鲱鱼。

8.红鲱鱼。

第5课：识别红鲱鱼

1.红鲱鱼。

2.红鲱鱼。

3.不是红鲱鱼。

4.不是红鲱鱼。他并没有回避问题或是故意跑题，只是拒绝回答。

5.红鲱鱼。

第6课：特殊诉求

1.红鲱鱼。

2.特殊诉求。

3.两者都不是。我也听不懂他们在说啥。

4.特殊诉求。

5.特殊诉求。

6.听上去很像特殊诉求。

7.听上去很像特殊诉求。

8.有可能是特殊诉求，但弟弟说的也有可能是真实的。

9.特殊诉求。

第7课：人身攻击

1.人身攻击。

2.没问题。

3.人身攻击。

4.红鲱鱼。

5.人身攻击。

6.没问题。

第8课：起源谬误

1.没问题，这话或许是对的。

2.起源谬误。

3.红鲱鱼。

4.从众谬误。

5.人身攻击。

6.人身攻击。

第9课："你也一样"谬误

1.起源谬误。

2.没问题。

3.人身攻击。

4.红鲱鱼。

5.“你也一样”谬误。

第10课：诉诸权威

一、

1.错误的。这个证人离案发现场太远了，他的证词对案发当时的情况不具有权威性。

2.错误的。

3.合理的。

4.错误的。

5.合理的。

6.合理的。

二、

1.红鲱鱼。

2.特殊诉求。

3.错误的诉诸权威。

4.没问题。

5.错误的诉诸权威。高智商不代表就很懂电影。

第11课：诉诸他人

1.“你也一样”谬误。

2.错误的诉诸权威（这个话题在专家中也存在很大争议）。

3.诉诸他人。

4.没问题。如果这首歌一直在排行榜上，那就说明有很多人听，也就是说它很流行。

5.诉诸他人。

第12课：稻草人谬误

1.诉诸他人。普通民众并非全球变暖这个话题的专家。

2.诉诸他人。

3.诉诸他人。

4.错误的诉诸权威。

5.稻草人谬误。

6.诉诸他人。

第13课：一个故事

1.正确。故事中提到阿如的时候用的是“他”。

2.正确。故事中提到了“这倒霉的城市”。

3.不确定。故事中只是提到了一个叫克洛夫尼亚的国家，可是我们不确定阿如是不是在这个国家。

4.正确。

5.正确。

6.不确定。故事中没说。

7.正确。他说他是阿如的朋友。别忘了，我们假设所有人说的都是真话。

8.正确。故事中是这么说的。

9.正确。故事里说这是克洛夫尼亚语。

10.正确。你可以从故事中推理出来，他是个克洛夫尼亚人。

11.正确。这种可能是存在的。

12.正确。文中是这么说的。

13.正确。文中是这么说的。

14.不确定。故事里没有明确说明他们是谁，以及他们为什么要离开餐馆。

15.正确。

16.正确。

17.不确定。文中没有提到多大年龄才能去。

18.不确定。她没有明说。

19.不确定。故事里也没说阿如惹了什么麻烦。

20.不确定。

第14课：假设

1.是。

2.是。

3.否，他说妈妈想买一个很贵的烤面包机，但他并没有认为所有的烤面包机都很贵。

4.是。

5.是。

6.否，他压根儿没有往这里想。

第15课：循环论证

一、

1.循环论证。

2.不是循环论证。

3.循环论证。

4.不是循环论证。这个丈夫只不过是很自私。

5.循环论证。

二、

存在循环论证。小希认为，好的（正规的、聪明的）医生不会让人吃紫雏菊。而我们该怎么判断一个医生是不是好的呢？就看他让不让你吃紫雏菊吗？

第16课：含糊其词

1.含糊其词。爸爸话中“负责任”的意思是尽职尽责，儿子话中这个词的意思是为某种后果承担责任。

2.没问题。

3.含糊其词。“使用”这个词第一次出现的时候，它的意思是犯了逻辑错误而不自知；第二次出现的时候，它的真正意思是举例使用。

4.循环论证。

5.没问题。

6.含糊其词。“非法”这个词第一次出现的时候，它指的是不被电脑系统认可；第二次出现时，它的意思是违法。

第17课：复合问题

一、

1.复合问题。你放音乐的音量很大吗？你是故意扰民吗？

2.复合问题。你已经打算购买这款车了吗？

3.非复合问题。

4.复合问题。止痛药都应该在一秒钟之内生效吗？

5.复合问题。您公司的电脑系统是否存在被黑客入侵的风险呢？

6.复合问题。总统总是不高兴吗？

7.复合问题。这位女士已经决定购买了吗？

8.非复合问题。

二、

1.诉诸他人。

2.循环论证。

3.看起来很像是红鲱鱼。

4.没有问题。这可能是真实情况。

5.特殊诉求。如果人类无法理解这种通灵的语言，那么这个女演员是怎么弄懂的?

第18课：滑坡谬误

1.滑坡谬误。

2.复合问题。你今天真的情绪不好吗?

3.这是一个有滑坡谬误的民间谚语。

4.特殊诉求。

5.妈妈说的话听上去像是个滑坡谬误，但她的担心颇有道理。

6.循环论证。克莱图斯的话说来说去意思不过就是“我认为我是存在的，因为我是存在的”。

7.银行工作人员的话中存在特殊诉求。

8.滑坡谬误。

第19课：合成谬误

一、

1.是。

2.是。

3.不是。

4.是。最好的材料和家具不代表整栋房子的设计和搭建就是最好的。

5.不是。约翰尼犯的逻辑错误更像是我们后面会讲到的以偏概全。

二、

1.“犯罪”一词含糊其词，当然，这也许就是说话的人开个玩笑，故意这样使用的。

2.循环论证。

3.红鲱鱼。

4.错误的诉诸权威。如何养育孩子是一个颇有争议的话题，这方面的研究也走了不少弯路。

5.他俩在说啥?

6.滑坡谬误。

第20课：分解谬误

一、

1.分解谬误。一辆英国生产的汽车中的零件不见得都是英国制造的。

2.分解谬误。

3.分解谬误。整个农场产量高不代表其中的每块地都肥沃。

4.两者都不是。

5.合成谬误。人人都这么做也未必会让我们更安全，反而有可能增加很多隐患。

6.分解谬误。把宏伟建筑的组成部分搬回家，也不见得就能让你的家更优雅漂亮。

7.两者都不是。

二、

1.复合问题。牧场大门是被人打开的吗?是农夫家人打开的吗?

2.循环论证。

3.分解谬误。整体经济形势大好不代表这个行业就有潜力。

4.含糊其词。“道理” 先是指原因和理由，后面却又变成了理性和常识。

5.诉诸他人。

6.没问题。蝴蝶效应是一种科学理论，不属于滑坡谬误。

7.滑坡谬误。

8.滑坡谬误。

第21课：非黑即白，非此即彼

一、

1.如果农民真的只经历过这两种情况的话，这就不能算是非黑即白，非此即彼。

2.算。

3.这或许可以算是非黑即白，非此即彼。但匪徒可能忘了还有一种可能性：神勇的警察从车厢中跳出来，一把掐住了匪徒的脖子。

4.不算。妈妈有权对孩子做这样的要求。

5.算。

6.不算。

7.不算。

8.不算。爸爸是实话实说。

9.算。街上的水可能是因为邻居家的孩子们刚刚打了水仗。尽管老奶奶考虑了不止一种可能性，但这仍然是一种非黑即白、非此即彼的思考方式。

10.算。

二、

1.循环论证。

2.诉诸他人。

3.错误的诉诸权威。

4.复合问题。有人拿走了指甲刀并把它藏起来了吗？如果是的话，这个人是谁？

第22课：什么是概括？

1.是。

2.是。

3.是。

4.不是。

5.是。

6.不是。这句话仅仅是在陈述事实。

7.是。

第23课：以偏概全

一、

1.是概括。

样本只有一个人。非常草率片面。

2.是概括。

样本有3 000人。草率片面。尽管样本显得很多，但是能参加国际水管工大会的水管工很可能是工资本来就很高的一群人，不然也没钱参加这样的国际会议。

3.是概括。

样本只有一个人。非常草率片面，因为学生有很多种，她教你教得好不代表也能教好别人。

4.不是概括。

如果他真的很聪明的话（先不管他说的聪明具体是什么意思），那么他应该意识到"有些水管工很聪明"这句话就是在陈述事实。

5.是概括。

样本是狄更斯的所有小说。有说服力，尽管狄更斯的短篇和书信倒是更有趣一些。

6.是概括。

样本是他那几次胃部不适的情况。有说服力。

7.是概括。

样本是5 000颗软糖。如果桶里的软糖是被均匀混合的，那么这段话很有说服力。

8.是概括。

样本只有一个人。非常草率片面。

二、

1.答案因人而异。

2.答案因人而异。你需要调查很多理发师。

3.不好说。你需要调查大量非独生子女家庭中的第一个孩子。

4.不好说。你需要调查很多人的打字水平才能判断出这个结论是否可信。

5.不好说。你需要充分调查住在这条河南边的人的说话方式。

三、答案因人而异。

第24课：什么是类比?

一、

1.类比。

2.概括。

3.类比。

4.两者都不是。

5.概括。

二、

每次下过雨之后，花都会开。

第25课：弱类比谬误

1.削弱。

2.削弱。

3.加强。

4.削弱。

5.削弱。

6.加强。

7.削弱。

8.削弱。

9.我们认为是完全无关。

10.削弱（如果你现在已经不是很小的小孩了）。

11.完全无关。

12.完全无关。

13.削弱。

二、

1.弱。城市的地理位置跟犯罪问题没有直接关系。

2.弱。

3.强。

第26课：后此谬误

一、

1.或许是因为两个国家之间的敌对情绪高涨才使得他们开始扩充军队，进而引发战争。

2.或许是因为“我”心情好的时候就会穿这双鞋，而心情好会让“我”在考试中发挥超常。

二、

1.后此谬误。

2.没问题。

3.弱类比。

4.弱类比。

5.后此谬误。

6.后此谬误。

7.稻草人谬误。

8.滑坡谬误。

第27课：统计学中的后此谬误

1.“你也一样”谬误。

2.非黑即白，非此即彼。这个老师可能两个科目都重视。

3.没问题。这里并没有说一个是另一个的原因。

4.循环论证。

5.没问题。这里诉诸权威是合理的。

6.后此谬误。睡得太久不是造成身体不好的原因，很可能是因为身体不好才会睡得更久。

第28课：诉诸无知

一、

控方律师。

二、

1.诉诸无知 。审讯者认为，因为没有证据表明你不是间谍，所以你就是间谍。

2.弱类比。青蛙都安全不代表人也会安全。

3.诉诸无知。

4.分解谬误。不是每一个法国人都是优雅的、懂艺术的。

5.弱类比。家庭和国家在这方面不具有可比性。

6.诉诸无知。

7.非黑即白，非此即彼。

8.人身攻击。

9.后此谬误。

10.后此谬误。

11.诉诸无知。

第29课：什么是舆论宣传?

一、

1.所有人：广告商、推销员、政客，甚至你的家长……

2.没错。使用舆论宣传是我们传播想法的一种方法，但是通过操控他人的情绪来达到自己的目的就不好了。

3.不是。他们的观点可能是有价值的，瑞士春日香皂可能是很好的香皂，但这不意味着广告就应该操控我们的情绪。

4.不是。当我告诉你过度砍伐树木会破坏环境，我并没有企图操控你的情绪和想法。我仅仅是在传播我的看法，这也是舆论宣传的一种。

5.它不总是，尽管它经常如此。

6.不是。

二、

1.操纵性的。

2.操纵性的。

3.非操纵性的。

第30课：诉诸恐惧

1.诉诸恐惧。对你的牛闯祸的后果的恐惧。

2.这是威胁，不是诉诸恐惧。

3.这是一个命令，不是诉诸恐惧。

4.这是威胁，不是诉诸恐惧。

5.诉诸恐惧。对子弹的恐惧。

第31课：诉诸怜悯

1.诉诸恐惧。

2.没问题。

3.诉诸怜悯。

4.诉诸怜悯。说话的人并没有说他为什么需要钱。

5.诉诸怜悯。

6.诉诸怜悯。

7.没问题。

第32课：从众谬误

1.从众谬误。

2.从众谬误。

3.诉诸怜悯。

第33课：时不我待

1.时不我待。我真的需要这个东西吗？

2.从众谬误。

3.从众谬误。

4.时不我待。他并没有说出对方为什么要嫁给他。

5.没有问题。说话的人给出了一个合理的献血的理由——目前很多人需要输血。

6.时不我待。

7.时不我待。

8.从众谬误。

第34课：不断重复

1.不断重复。

2.诉诸恐惧和时不我待。

3.诉诸怜悯和诉诸恐惧。

4.不断重复。

5.从众谬误。

6.没问题。

7.不断重复。

8.从众谬误。

9.不断重复。

10.诉诸怜悯。

11.不断重复。

第35课：移情操控

1.移情操控。杰克不是这个问题的专家。

2.没问题。

3.移情操控。

4.移情操控、诉诸恐惧。

5.移情操控。猫吃了猫粮就会变得像美洲狮一样健壮吗?

6.诉诸怜悯。

7.时不我待。

第36课：诉诸与众不同

1.不断重复。

2.移情操控。

3.诉诸与众不同。

4.诉诸与众不同。

5.移情操控。

6.诉诸恐惧。

7.移情操控。这个广告想让你以为，一旦你拥有这个相机就能拍出这样的照片。

8.诉诸与众不同。

第37课：诉诸传统和诉诸科技

1.移情操控和不断重复。

2.诉诸恐惧。

3.诉诸高科技。

4.诉诸传统。

5.诉诸高科技和诉诸传统。

6.诉诸恐惧和诉诸高科技。

7.不断重复。